応用がみえる線形代数

Iwanami Mathematics

応用がみえる
線形代数

Understanding Linear Algebra with Applications

Mizuyo Takamatsu **高松瑞代**

岩波書店

まえがき

　本書は，線形代数をはじめて勉強するときに，線形代数がどこで役立っているかを意識しながら学べるように構成されている．行列式や固有値といった基本的な概念を応用例の中で見つけることで，その概念の重要さを読者が実感できるよう心がけた．数学的な定義を正しく理解することはもちろんだが，定義の意味を理解し，イメージをもてるように説明している．

　近年，数学とコンピュータを用いた問題解決が社会に浸透しつつある．機械学習やデータサイエンスといった言葉をテレビや新聞で目にする機会が増えたが，これらの背後では線形代数が重要な役割を果たしている．線形代数を基盤とする手法を活用するため，さらに進んだ目標として，自分で新たな手法を創り出すため，応用を意識しながら線形代数の基礎を学ぶことが極めて重要である．

　現在はプログラミング言語のライブラリや数値計算のソフトウェアが充実しており，行列式や固有値をコンピュータで手軽に計算できる環境が整っている．極端なことを言うと，行列式や固有値の定義を知らなくても計算結果が手に入ってしまう時代である．しかし，線形代数を真に役立てるための第一歩は，定義を理解し，線形代数の基礎知識を自分で使いこなせるようになることである．

　本書の特徴は，応用を出発点として基礎を展開している点にある．第2章から第5章では，線形代数の多くの本に書かれている基礎的事項を丁寧に説明している．定義を述べてから説明するのではなく，話の流れから定義が自然に導かれるように努めて書いた．第6章から第8章では，線形代数が実際に応用されているトピックを扱っている．各章の関係は図0の通りである．本書では定義を深く理解することに重きを置いたため，計算法の詳細は補論にま

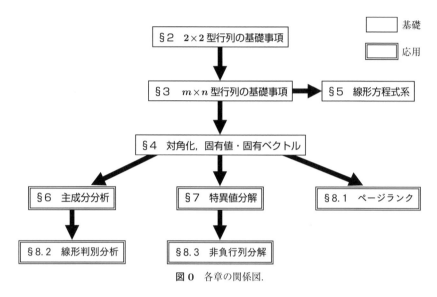

図 0　各章の関係図.

とめている.

　線形代数はデータ分析や画像処理，ロボット工学，最適化などの多くの分野で必須となる学問である．線形代数をはじめて学ぶときにその有用性も同時にみえることで，線形代数を学ぶ意欲がますます高まれば，著者として大変嬉しく思う．本書が線形代数を学ぼうとする方のお役に立てれば幸いである．

　本書の執筆にあたって，岩波書店の吉田宇一氏には最初から最後まで大変お世話になった．原稿を書くときには吉田氏のコメントを大いに参考にさせていただいた．心から感謝の意を表する．首都大学東京の室田一雄先生には原稿を丁寧に読んでいただき，細部にわたってコメントをいただいた．深く感謝申し上げる．執筆のきっかけを作ってくださった東京大学の岩田覚先生，ならびに，原稿について多くの貴重なコメントをくださった電気通信大学の岡本吉央氏と慶應義塾大学の垣村尚徳氏にも厚くお礼申し上げる．また，岩波書店の方々，特に彦田孝輔氏には本の出版にあたって大変お世話になった．最後に，本の執筆を支えてくれた家族に感謝したい．

　2019 年 10 月

高松 瑞代

目　次

行列とその応用

線形代数はデータ分析や画像処理をはじめとする多くの分野で役立っている.
線形代数では,数字を表のように並べた行列というものを扱う.まず最初に,
行列がどのようなものか,そして行列がどこに現れるのかをみてみよう.

── 1.1 行列はどこに現れるか ──

　コンビニエンスストアのレジは,販売した商品のデータを保存している.以
下の表は,3 人の客が購入した商品とその個数をまとめたものである.

	飲料	おにぎり	お菓子	新聞	雑誌
1 人目の客	1	2	0	1	0
2 人目の客	0	4	2	0	0
3 人目の客	1	0	0	1	2

数字の部分だけを取り出して括弧の中に入れると,本書で扱う行列というもの
になる.この場合は

$$\begin{pmatrix} 1 & 2 & 0 & 1 & 0 \\ 0 & 4 & 2 & 0 & 0 \\ 1 & 0 & 0 & 1 & 2 \end{pmatrix} \tag{1.1}$$

という行列を得る[1]．行列は，数字が並んだ表のようなものである．表のサイズはさまざまであり，上の例では買い物客の人数や商品の種類が増えると行列も大きくなる．

　行列は，数字を表のように並べるだけで簡単に作ることができる．では，行列はどこで使われているのだろうか．コンビニエンスストアで扱っている商品の値段を縦に並べたもの

$$
\begin{array}{l}
飲料 \\
おにぎり \\
お菓子 \\
新聞 \\
雑誌
\end{array}
\begin{pmatrix}
100 \\
120 \\
90 \\
110 \\
350
\end{pmatrix}
\tag{1.2}
$$

を考えよう．数字を縦（または横）に並べたものをベクトルという．たとえば，式(1.1)の行列と式(1.2)のベクトルを

$$
\begin{pmatrix}
1 & 2 & 0 & 1 & 0 \\
0 & 4 & 2 & 0 & 0 \\
1 & 0 & 0 & 1 & 2
\end{pmatrix}
\begin{pmatrix}
100 \\
120 \\
90 \\
110 \\
350
\end{pmatrix}
=
\begin{pmatrix}
450 \\
660 \\
910
\end{pmatrix}
\tag{1.3}
$$

のように掛け算すると，それぞれの買い物客が支払った金額（450 円，660 円，910 円）がわかる（行列とベクトルの積については第 2 章参照）．逆に，買い物客の支払った金額がわかっているときに商品の値段を推定したい場合には，式(1.3)の右辺がわかっているときに左辺のベクトルを計算する問題になる（第 5 章の線形方程式系を参照）．また，式(1.1)の行列を，複数の行列の積に適切に分解すると，同時に購入される傾向がある商品のパターンを抽出することができる（第 8 章の非負行列分解を参照）．

1）　角括弧 [ ] を使って行列を書くこともある．

画像も行列で表現できる. 以下の市松模様とグラデーションを考えよう.

 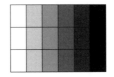

ひとつのマスをひとつの数字に対応させると

$$\begin{pmatrix} 1 & 0 & 1 & 0 & 1 \\ 0 & 1 & 0 & 1 & 0 \\ 1 & 0 & 1 & 0 & 1 \end{pmatrix} \quad \begin{pmatrix} 1 & 0.8 & 0.6 & 0.4 & 0.2 & 0 \\ 1 & 0.8 & 0.6 & 0.4 & 0.2 & 0 \\ 1 & 0.8 & 0.6 & 0.4 & 0.2 & 0 \end{pmatrix}$$

という行列を得る. 0 が黒, 1 が白に対応し, その間の数値は灰色の濃淡の度合いを表している. 第 7 章では写真などのデジタル画像を行列で表現する.

上記の他にも, 行列は空間における点の移動を表現するときに使われる. 例として 2 つの行列

$$\begin{pmatrix} \dfrac{1}{2} & -\dfrac{\sqrt{3}}{2} \\ \dfrac{\sqrt{3}}{2} & \dfrac{1}{2} \end{pmatrix} \quad \begin{pmatrix} 2 & 0 & 0 \\ 0 & 0.4 & 0 \\ 0 & 0 & 5 \end{pmatrix}$$

を考えよう. 左の行列は 2 次元平面における回転操作を表し, 右の行列は 3 次元空間における拡大・縮小の操作を表す. 4 次元空間や 100 次元空間といった, より高い次元の空間における操作を表すときには, 行列も大きくなる.

1.2 線形代数はどこで役立っているか

本書では, 線形代数の基礎的な概念を, 具体的な応用例を通して説明する. 各章で扱うものは表 1.1 のとおりである.

「線形代数はどこで役立っているか」という問いに対しては, 以下のテーマを用意している.

- 最小二乗法(第 5 章):商品の売り上げを予測するモデルを作る
- 主成分分析(第 6 章):複数の都市の特徴を分析し, 比較する

表 1.1 各章で扱う内容.

章	主な基本用語	内　容
第 2 章	逆行列，行列式	図形の変換を例として説明する
第 3 章	線形独立性，基底，階数	2×2 型行列を対象する第 2 章の内容を m×n 型行列に発展させる
第 4 章	対角化，固有値・固有ベクトル	都市の人口予測を例とする
第 5 章	線形方程式系	洋菓子店の生産計画と販売店の需要予測を扱う
第 6 章	対称行列の固有値・固有ベクトル	固有ベクトルがデータ分析にも現れることを述べる
第 7 章	特異値分解	画像圧縮を例として説明する
第 8 章	確率行列，一般化固有値問題，非負行列分解	私たちの身のまわりで線形代数が使われている例を紹介する

- ページランク（第 8 章）：インターネットの検索エンジンの仕組みを理解する
- 線形判別分析（第 8 章）：健康診断の検査結果から健康か病気かを判別する

これらは統計，機械学習，最適化，ネットワーク理論などの分野でよく知られているトピックであり，第 5 章までの基礎事項を身につければ簡単に理解できる．

付　記

本書で紹介する応用例は，私たちが日常生活で目にするものをイメージしやすい数値例になっている．そのような数値を用いて計算すると，手計算では対応しきれないことが多い．本書に載っている例の計算と図の作成には Python と MATLAB を使用した．計算結果の数字は四捨五入して表示している．

定義を理解するためには，手で計算することが非常に大事である．そのため，読者が手を動かすことを想定した例題や演習には，手計算で答えを導けるものを用意した．一部の例題の解答には，解き方だけでなく，その例題を通して意識してほしいポイントも載せている．自分で計算して理解を深める問題と，コンピュータによる計算結果をみて応用をイメージする問題の両方を楽しんでもらうことを目指している．

行列と図形の変換

2

図形の拡大・縮小や回転などの操作は，行列を用いて簡単に表現できる．まずはベクトルと行列の基本事項を確認しながら，図形の変換を通して行列に慣れていこう．次に，行列式や逆行列といった線形代数の重要な概念が，図形の変換ではどのような意味をもつのかみてみよう．

2.1 ベクトルと行列

3次元空間中の点は，x座標，y座標，z座標の3つの数の組 (x, y, z) で表される．いま点 p の座標が $(1, 2, 3)$ であるとき，$1, 2, 3$ を縦または横に並べて

$$\begin{pmatrix} 1 \\ 2 \\ 3 \end{pmatrix} \quad \text{または} \quad \begin{pmatrix} 1 & 2 & 3 \end{pmatrix}$$

で表現する．このように，数を縦または横に並べたものを**ベクトル**という．特に，縦に並べたものを**縦ベクトル**，横に並べたものを**横ベクトル**とよぶ．ベクトルと対比して，実数や複素数などの単なる数のことを**スカラー**という．

n 個の数をもつベクトル

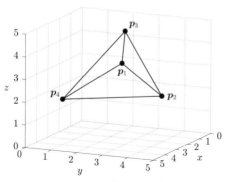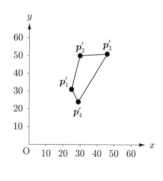

図 2.1 3 次元の四面体と 2 次元の四角形.

$$\begin{pmatrix} x_1 \\ x_2 \\ \vdots \\ x_n \end{pmatrix} \quad または \quad \begin{pmatrix} x_1 & x_2 & \cdots & x_n \end{pmatrix}$$

は **n 次元ベクトル**とよばれる. n 次元空間中の点の座標は n 次元ベクトルで表される.

例 2.1　図 2.1 左は

$$\boldsymbol{p}_1 = \begin{pmatrix} 1 \\ 2 \\ 3 \end{pmatrix}, \quad \boldsymbol{p}_2 = \begin{pmatrix} 2 \\ 4 \\ 2 \end{pmatrix}, \quad \boldsymbol{p}_3 = \begin{pmatrix} 3 \\ 3 \\ 5 \end{pmatrix}, \quad \boldsymbol{p}_4 = \begin{pmatrix} 4 \\ 1 \\ 2 \end{pmatrix} \qquad (2.1)$$

というベクトルで表される 4 点を頂点とする四面体である. 式 (2.1) の $\boldsymbol{p}_1, \boldsymbol{p}_2,$ $\boldsymbol{p}_3, \boldsymbol{p}_4$ は 3 次元ベクトルである.

　一方, 図 2.1 右の 4 点の座標は

$$\boldsymbol{p}'_1 = \begin{pmatrix} 25 \\ 31 \end{pmatrix}, \quad \boldsymbol{p}'_2 = \begin{pmatrix} 30 \\ 50 \end{pmatrix}, \quad \boldsymbol{p}'_3 = \begin{pmatrix} 46 \\ 51 \end{pmatrix}, \quad \boldsymbol{p}'_4 = \begin{pmatrix} 29 \\ 24 \end{pmatrix} \qquad (2.2)$$

という 2 次元ベクトルで表現される.

ここで行列の基本事項を説明する. 例として

$$\begin{pmatrix} 4 & 3 & 5 \\ 2 & 10 & 3 \end{pmatrix}$$

という行列を考える. 括弧の中にある6つの数 4, 3, 5, 2, 10, 3 を行列の**成分**という. この行列を

$$\left(\begin{array}{ccc} 4 & 3 & 5 \\ \hline 2 & 10 & 3 \end{array}\right) \quad \text{または} \quad \left(\begin{array}{c|c|c} 4 & 3 & 5 \\ 2 & 10 & 3 \end{array}\right) \tag{2.3}$$

のように区切る. 式(2.3)左のような横の並びを**行**, 式(2.3)右のような縦の並びを**列**とよぶ. たとえば, $\begin{pmatrix} 4 & 3 & 5 \end{pmatrix}$ は第1行の横ベクトルであり, $\begin{pmatrix} 5 \\ 3 \end{pmatrix}$ は第3列の縦ベクトルである. 横ベクトルを**行ベクトル**, 縦ベクトルを**列ベクトル**ともよぶ.

行列の演算では, 行ベクトルまたは列ベクトルにわけて考えるとわかりやすくなることがある. 本書では理解の助けになる場合, 式(2.3)のように行列を行ごとまたは列ごとに区切って書く.

一般に, m 個の行と n 個の列をもつ行列

$$A = \begin{pmatrix} a_{11} & a_{12} & \cdots & a_{1n} \\ a_{21} & a_{22} & \cdots & a_{2n} \\ \vdots & \vdots & \ddots & \vdots \\ a_{m1} & a_{m2} & \cdots & a_{mn} \end{pmatrix}$$

を $m \times n$ 型行列という. 式(2.3)と同じように考えると

$$\left(\begin{array}{cccc} a_{11} & a_{12} & \cdots & a_{1n} \\ \hline a_{21} & a_{22} & \cdots & a_{2n} \\ \vdots & \vdots & \ddots & \vdots \\ a_{m1} & a_{m2} & \cdots & a_{mn} \end{array}\right) \quad \text{または} \quad \left(\begin{array}{c|c|c|c} a_{11} & a_{12} & \cdots & a_{1n} \\ a_{21} & a_{22} & \cdots & a_{2n} \\ \vdots & \vdots & \ddots & \vdots \\ a_{m1} & a_{m2} & \cdots & a_{mn} \end{array}\right)$$

のようになり, $m \times n$ 型行列は m 本の行ベクトルの集まり, または, n 本の

列ベクトルの集まりとみなすことができる．本書では特に断りがない限り，実数を成分とする行列を扱う．

　行列 A の第 i 行，第 j 列の成分を (i, j) 成分という．行列 A の (i, j) 成分を a_{ij} で表す場合，$A = (a_{ij})$ と略記する．$m = n$ のとき行列 A は **n 次正方行列** とよばれる．

　整数や実数と同じように，行列どうしも足したり掛けたりすることができる．行列の和は成分ごとに計算する．たとえば，2×3 型行列の和は

$$\begin{pmatrix} a_{11} & a_{12} & a_{13} \\ a_{21} & a_{22} & a_{23} \end{pmatrix} + \begin{pmatrix} b_{11} & b_{12} & b_{13} \\ b_{21} & b_{22} & b_{23} \end{pmatrix} = \begin{pmatrix} a_{11}+b_{11} & a_{12}+b_{12} & a_{13}+b_{13} \\ a_{21}+b_{21} & a_{22}+b_{22} & a_{23}+b_{23} \end{pmatrix}$$

となる．同様にして，行列の差は

$$\begin{pmatrix} a_{11} & a_{12} & a_{13} \\ a_{21} & a_{22} & a_{23} \end{pmatrix} - \begin{pmatrix} b_{11} & b_{12} & b_{13} \\ b_{21} & b_{22} & b_{23} \end{pmatrix} = \begin{pmatrix} a_{11}-b_{11} & a_{12}-b_{12} & a_{13}-b_{13} \\ a_{21}-b_{21} & a_{22}-b_{22} & a_{23}-b_{23} \end{pmatrix}$$

となる．行列にスカラー c を掛ける場合には，各成分を c 倍して

$$c \begin{pmatrix} a_{11} & a_{12} & a_{13} \\ a_{21} & a_{22} & a_{23} \end{pmatrix} = \begin{pmatrix} ca_{11} & ca_{12} & ca_{13} \\ ca_{21} & ca_{22} & ca_{23} \end{pmatrix}$$

のようにする．

　次に，行列と行列の積について考える．まず準備のため，n 次元の横ベクトルと n 次元の縦ベクトルの積を

$$\begin{pmatrix} a_1 & a_2 & \cdots & a_n \end{pmatrix} \begin{pmatrix} b_1 \\ b_2 \\ \vdots \\ b_n \end{pmatrix} = a_1 b_1 + a_2 b_2 + \cdots + a_n b_n = \sum_{k=1}^{n} a_k b_k \qquad (2.4)$$

のように定義する．横ベクトルと縦ベクトルの積を計算すると，ベクトルではなく 1 つの数 $\sum_{k=1}^{n} a_k b_k$ になる．すなわち，横ベクトルと縦ベクトルの積はスカラーになる．

　2 つの n 次元の横ベクトル

$$\boldsymbol{a} = \begin{pmatrix} a_1 & a_2 & \cdots & a_n \end{pmatrix}, \quad \boldsymbol{b} = \begin{pmatrix} b_1 & b_2 & \cdots & b_n \end{pmatrix}$$

または，2 つの n 次元の縦ベクトル

$$\boldsymbol{a} = \begin{pmatrix} a_1 \\ a_2 \\ \vdots \\ a_n \end{pmatrix}, \quad \boldsymbol{b} = \begin{pmatrix} b_1 \\ b_2 \\ \vdots \\ b_n \end{pmatrix}$$

の**内積**は

$$\boldsymbol{a} \cdot \boldsymbol{b} = \sum_{k=1}^{n} a_k b_k \tag{2.5}$$

により定義される．横ベクトルと縦ベクトルの積(2.4)は，2 つのベクトルの内積(2.5)と同じものである．

例題 2.1 3 次元の横ベクトル $\begin{pmatrix} 4 & 3 & 5 \end{pmatrix}$ と 3 次元の縦ベクトル $\begin{pmatrix} 1 \\ 2 \\ 3 \end{pmatrix}$ の積を計算せよ．

（解答）　式(2.4)の通りに計算すると

$$\begin{pmatrix} 4 & 3 & 5 \end{pmatrix} \begin{pmatrix} 1 \\ 2 \\ 3 \end{pmatrix} = 4 \times 1 + 3 \times 2 + 5 \times 3 = 25 \tag{2.6}$$

であり，積 25 はスカラーとなる．

いま，縦ベクトル $\begin{pmatrix} 1 \\ 2 \\ 3 \end{pmatrix}$ を横ベクトル $\begin{pmatrix} 1 & 2 & 3 \end{pmatrix}$ に置き換えて内積を計算すると

$$\begin{pmatrix} 4 & 3 & 5 \end{pmatrix} \cdot \begin{pmatrix} 1 & 2 & 3 \end{pmatrix} = 4 \times 1 + 3 \times 2 + 5 \times 3 = 25$$

となる．この計算は，式(2.6)の計算とまったく同じである．

式(2.4)を用いると，行列とベクトルの積を計算することができる．

例 2.2 2×3 型行列 $A_0 = \begin{pmatrix} 4 & 3 & 5 \\ 2 & 10 & 3 \end{pmatrix}$ と 3 次元の縦ベクトル $\boldsymbol{p} = \begin{pmatrix} 1 \\ 2 \\ 3 \end{pmatrix}$ の

積について考える. いま行列 A_0 を行ベクトルの集まりとみなす. このとき,
積 $A_0\boldsymbol{p}$ の各成分は A_0 の行ベクトルとベクトル $\boldsymbol{p}$ の積となり,

$$
A_0\boldsymbol{p} = \begin{pmatrix} 4 & 3 & 5 \\ 2 & 10 & 3 \end{pmatrix} \begin{pmatrix} 1 \\ 2 \\ 3 \end{pmatrix} = \begin{pmatrix} \begin{pmatrix} 4 & 3 & 5 \end{pmatrix} \text{と} \begin{pmatrix} 1 \\ 2 \\ 3 \end{pmatrix} \text{の積} \\ \hline \begin{pmatrix} 2 & 10 & 3 \end{pmatrix} \text{と} \begin{pmatrix} 1 \\ 2 \\ 3 \end{pmatrix} \text{の積} \end{pmatrix} = \begin{pmatrix} 25 \\ 31 \end{pmatrix}
$$

と計算できる. 第 1 成分である 25 の計算方法は, 例題 2.1 で述べた通りである. このように, 積 $A_0\boldsymbol{p} = \begin{pmatrix} 25 \\ 31 \end{pmatrix}$ は 2 次元の縦ベクトルとなる. ∎

例 2.2 と同様にして, $m\times n$ 型行列 A と n 次元ベクトル $\boldsymbol{b}$ の積を定義する. $A\boldsymbol{b}$ の第 i 成分は, 行列 A の第 i 行 $\begin{pmatrix} a_{i1} & a_{i2} & \cdots & a_{in} \end{pmatrix}$ と n 次元ベクトル $\boldsymbol{b}$ の積になることに注意すると,

$$
\begin{pmatrix} a_{11} & a_{12} & \cdots & a_{1n} \\ a_{21} & a_{22} & \cdots & a_{2n} \\ \vdots & \vdots & \ddots & \vdots \\ a_{m1} & a_{m2} & \cdots & a_{mn} \end{pmatrix} \begin{pmatrix} b_1 \\ b_2 \\ \vdots \\ b_n \end{pmatrix} = \begin{pmatrix} a_{11}b_1 + a_{12}b_2 + \cdots + a_{1n}b_n \\ a_{21}b_1 + a_{22}b_2 + \cdots + a_{2n}b_n \\ \vdots \\ a_{m1}b_1 + a_{m2}b_2 + \cdots + a_{mn}b_n \end{pmatrix} \tag{2.7}
$$

となる. 式 (2.7) からわかるように, 積 $A\boldsymbol{b}$ は縦ベクトルである. ベクトル $A\boldsymbol{b}$ の次元は A の行数 m に一致する.

例題 2.2 2×3 型行列 $\begin{pmatrix} 4 & 3 & 5 \\ 2 & 10 & 3 \end{pmatrix}$ と 3 次元の縦ベクトル $\begin{pmatrix} 2 \\ 4 \\ 2 \end{pmatrix}$ の積を計算せよ.

(解答) 式 (2.7) にしたがって計算すると

$$\begin{pmatrix} 4 & 3 & 5 \\ 2 & 10 & 3 \end{pmatrix} \begin{pmatrix} 2 \\ 4 \\ 2 \end{pmatrix} = \begin{pmatrix} 4 \times 2 + 3 \times 4 + 5 \times 2 \\ 2 \times 2 + 10 \times 4 + 3 \times 2 \end{pmatrix} = \begin{pmatrix} 30 \\ 50 \end{pmatrix}$$

となり，積は 2 次元の縦ベクトルとなる. ∎

最後に，$m \times n$ 型行列 A と $n \times l$ 型行列 B の積

$$AB = \begin{pmatrix} a_{11} & a_{12} & \cdots & a_{1n} \\ a_{21} & a_{22} & \cdots & a_{2n} \\ \vdots & \vdots & \ddots & \vdots \\ a_{m1} & a_{m2} & \cdots & a_{mn} \end{pmatrix} \left(\begin{array}{c|c|c|c} b_{11} & b_{12} & \cdots & b_{1l} \\ b_{21} & b_{22} & \cdots & b_{2l} \\ \vdots & \vdots & \ddots & \vdots \\ b_{n1} & b_{n2} & \cdots & b_{nl} \end{array} \right)$$

を定義する. 行列 B の第 j 列 $\begin{pmatrix} b_{1j} \\ b_{2j} \\ \vdots \\ b_{nj} \end{pmatrix}$ を縦ベクトル $\boldsymbol{b}_j$ で表す. このとき $B =$

$\begin{pmatrix} \boldsymbol{b}_1 & \boldsymbol{b}_2 & \cdots & \boldsymbol{b}_l \end{pmatrix}$ と書けるので

$$AB = A \begin{pmatrix} \boldsymbol{b}_1 & \boldsymbol{b}_2 & \cdots & \boldsymbol{b}_l \end{pmatrix} = \begin{pmatrix} A\boldsymbol{b}_1 & A\boldsymbol{b}_2 & \cdots & A\boldsymbol{b}_l \end{pmatrix}$$

となる. 式 (2.7) より $A\boldsymbol{b}_j$ は m 次元の縦ベクトルなので，積 AB は $m \times l$ 型行列となる. 積 AB の (i, j) 成分は $A\boldsymbol{b}_j$ の第 i 成分に対応し，

$$\sum_{k=1}^{n} a_{ik} b_{kj} = a_{i1} b_{1j} + a_{i2} b_{2j} + \cdots + a_{in} b_{nj}$$

となる. この例では A が $m \times n$ 型行列，B が $n \times l$ 型行列であった. 行列 A と行列 B の積を計算する場合，A の列数と B の行数は一致していなければならないことに注意する.

整数や実数と同じように，行列の積に関して

結合法則 $(AB)C = A(BC)$

分配法則 $A(B+C) = AB + AC$, $(A+B)C = AC + BC$

が成り立つ.

例題 2.3　2×3 型行列 $\begin{pmatrix} 4 & 3 & 5 \\ 2 & 10 & 3 \end{pmatrix}$ と 3×4 型行列 $\begin{pmatrix} 1 & 2 & 3 & 4 \\ 2 & 4 & 3 & 1 \\ 3 & 2 & 5 & 2 \end{pmatrix}$ の積を計算せよ.

（解答）　上で述べた定義にしたがって計算すると

$$\begin{pmatrix} 4 & 3 & 5 \\ 2 & 10 & 3 \end{pmatrix}\begin{pmatrix} 1 & 2 & 3 & 4 \\ 2 & 4 & 3 & 1 \\ 3 & 2 & 5 & 2 \end{pmatrix} = \begin{pmatrix} 25 & 30 & 46 & 29 \\ 31 & 50 & 51 & 24 \end{pmatrix}$$

となる. このように, 2×3 型行列と 3×4 型行列の積は 2×4 型行列になる.

例題 2.4　3 次元の縦ベクトル $\begin{pmatrix} 1 \\ 2 \\ 3 \end{pmatrix}$ と 3 次元の横ベクトル $\begin{pmatrix} 4 & 3 & 5 \end{pmatrix}$ の積を計算せよ.

（解答）　この問題は, 例題 2.1 の積の順番を入れ替えたものである. 今回は 3×1 型行列と 1×3 型行列の積なので, 計算結果は 3×3 型行列となる. 実際に計算すると

$$\begin{pmatrix} 1 \\ 2 \\ 3 \end{pmatrix}\begin{pmatrix} 4 & 3 & 5 \end{pmatrix} = \begin{pmatrix} 4 & 3 & 5 \\ 8 & 6 & 10 \\ 12 & 9 & 15 \end{pmatrix}$$

となる.

　例題 2.1 と例題 2.4 からわかるように, $m \times n$ 型行列 A と $n \times m$ 型行列 B の積を考えると, 積 AB は $m \times m$ 型行列, 積 BA は $n \times n$ 型行列となる. 行列の積では $AB = BA$ が一般には成立しないことに注意する.

　実は, 例題 2.3 の 2×3 型行列は例 2.2 の行列 A_0 であり, 3×4 型行列

$$\left(\begin{array}{c|c|c|c} 1 & 2 & 3 & 4 \\ 2 & 4 & 3 & 1 \\ 3 & 2 & 5 & 2 \end{array}\right)$$

は式(2.1)のベクトル $\boldsymbol{p}_1, \boldsymbol{p}_2, \boldsymbol{p}_3, \boldsymbol{p}_4$ を並べたものである. つまり, 例題2.3
では

$$A_0 \begin{pmatrix} \boldsymbol{p}_1 & \boldsymbol{p}_2 & \boldsymbol{p}_3 & \boldsymbol{p}_4 \end{pmatrix} = \begin{pmatrix} A_0\boldsymbol{p}_1 & A_0\boldsymbol{p}_2 & A_0\boldsymbol{p}_3 & A_0\boldsymbol{p}_4 \end{pmatrix}$$

を計算していたことになる. 例題2.3の計算結果より

$$\begin{pmatrix} A_0\boldsymbol{p}_1 & A_0\boldsymbol{p}_2 & A_0\boldsymbol{p}_3 & A_0\boldsymbol{p}_4 \end{pmatrix} = \left(\begin{array}{c|c|c|c} 25 & 30 & 46 & 29 \\ 31 & 50 & 51 & 24 \end{array} \right) \tag{2.8}$$

となる. 式(2.8)にある行列の第1列と第2列は, 例2.2と例題2.2で計算し
たベクトルである.

式(2.8)の列ベクトルに着目すると, 式(2.2)のベクトル $\boldsymbol{p}_1', \boldsymbol{p}_2', \boldsymbol{p}_3', \boldsymbol{p}_4'$ に一
致している. したがって,

$$\boldsymbol{p}_1' = A_0\boldsymbol{p}_1, \quad \boldsymbol{p}_2' = A_0\boldsymbol{p}_2, \quad \boldsymbol{p}_3' = A_0\boldsymbol{p}_3, \quad \boldsymbol{p}_4' = A_0\boldsymbol{p}_4$$

であることがわかる. 図2.1左は

$$\boldsymbol{p}_1 = \begin{pmatrix} 1 \\ 2 \\ 3 \end{pmatrix}, \quad \boldsymbol{p}_2 = \begin{pmatrix} 2 \\ 4 \\ 2 \end{pmatrix}, \quad \boldsymbol{p}_3 = \begin{pmatrix} 3 \\ 3 \\ 5 \end{pmatrix}, \quad \boldsymbol{p}_4 = \begin{pmatrix} 4 \\ 1 \\ 2 \end{pmatrix}$$

の4点を頂点とする四面体を表していた. この四面体が行列 $A_0 = \begin{pmatrix} 4 & 3 & 5 \\ 2 & 10 & 3 \end{pmatrix}$
によって図2.1右に示す

$$A_0\boldsymbol{p}_1 = \begin{pmatrix} 25 \\ 31 \end{pmatrix}, \quad A_0\boldsymbol{p}_2 = \begin{pmatrix} 30 \\ 50 \end{pmatrix}, \quad A_0\boldsymbol{p}_3 = \begin{pmatrix} 46 \\ 51 \end{pmatrix}, \quad A_0\boldsymbol{p}_4 = \begin{pmatrix} 29 \\ 24 \end{pmatrix}$$

を頂点とする四角形に変換されているのである.

2×3 型行列は3次元空間中の点を2次元平面上の点に変換する. 同様にし
て, $m \times n$ 型行列は n 次元空間中の点を m 次元空間中の点に変換する.

── 2.1節のポイント ──

▷ 行列は横ベクトル(行ベクトル)または縦ベクトル(列ベクトル)の集まり
とみなすことができる.

▷ 行列を行ベクトルまたは列ベクトルに分解して考えると,見通しがよく
なる場合がある.

▷ $m \times n$ 型行列 A と n 次元ベクトル $\boldsymbol{b}$ の積 $A\boldsymbol{b}$ は m 次元ベクトルになり,
n 次元空間中のベクトル $\boldsymbol{b}$ が m 次元空間中のベクトル $A\boldsymbol{b}$ に変換され
る.

2.2　図形の線形変換

2.1 節では,行列を用いて立体図形を平面図形に変換する例(図 2.1)を取り
上げた.本節では,平面図形を平面図形に変換する基本的な例を示す.

式(2.2)では,平面上の点が 2 次元ベクトルで表現されることを確認した.
ここでは,図 2.2 に示す平面上の 4 点

$$\boldsymbol{p}_1 = \begin{pmatrix} 0 \\ 0 \end{pmatrix}, \quad \boldsymbol{p}_2 = \begin{pmatrix} 3 \\ 0 \end{pmatrix}, \quad \boldsymbol{p}_3 = \begin{pmatrix} \dfrac{7}{2} \\ 2 \end{pmatrix}, \quad \boldsymbol{p}_4 = \begin{pmatrix} 3 \\ 2 \end{pmatrix}$$

を行列を使って変換する.4 種類の行列

$$A_1 = \begin{pmatrix} 2 & 0 \\ 0 & 3 \end{pmatrix}, \quad A_2 = \begin{pmatrix} \dfrac{1}{2} & -\dfrac{\sqrt{3}}{2} \\ \dfrac{\sqrt{3}}{2} & \dfrac{1}{2} \end{pmatrix},$$

$$A_3 = \begin{pmatrix} 0 & 1 \\ 1 & 0 \end{pmatrix}, \quad A_4 = \begin{pmatrix} 1 & 2 \\ 0 & 1 \end{pmatrix}$$

を考えよう.これらの行列をベクトル $\boldsymbol{p}_1$, $\boldsymbol{p}_2$, $\boldsymbol{p}_3$, $\boldsymbol{p}_4$ の左から掛けると,図
2.2 の実線上の 4 点 $\boldsymbol{p}_1$, $\boldsymbol{p}_2$, $\boldsymbol{p}_3$, $\boldsymbol{p}_4$ が破線上の 4 点 $\boldsymbol{p}_1'$, $\boldsymbol{p}_2'$, $\boldsymbol{p}_3'$, $\boldsymbol{p}_4'$ に移動す

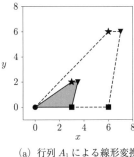

(a) 行列 A_1 による線形変換

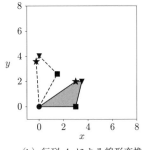

(b) 行列 A_2 による線形変換

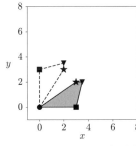

(c) 行列 A_3 による線形変換

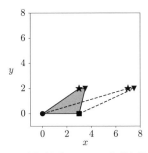

(d) 行列 A_4 による線形変換

図 2.2　点 $\boldsymbol{p}_1$（●），点 $\boldsymbol{p}_2$（■），点 $\boldsymbol{p}_3$（▼），点 $\boldsymbol{p}_4$（★）の線形変換．実線は変換前の図形，破線は変換後の図形を表す．

る．それぞれの行列の幾何学的な意味は以下の通りである．

A_1　　x 軸方向に 2 倍，y 軸方向に 3 倍だけ拡大する行列（図 2.2(a)）

A_2　　反時計回りに 60 度回転する行列（図 2.2(b)）

A_3　　軸 $y = x$ に対して裏返す行列（図 2.2(c)）

A_4　　x 座標を y 座標の 2 倍だけずらす行列（図 2.2(d)）

　行列 A_1 から A_4 のように，正方行列を用いた変換は線形変換とよばれる．線形変換の定義は 2.5 節で述べる．

例 2.3　行列 A_1 の幾何学的な意味を確認しよう．行列 A_1 とベクトル $\begin{pmatrix} p_x \\ p_y \end{pmatrix}$ の積を式(2.7)にしたがって計算すると

$$\begin{pmatrix} 2 & 0 \\ 0 & 3 \end{pmatrix} \begin{pmatrix} p_x \\ p_y \end{pmatrix} = \begin{pmatrix} 2p_x \\ 3p_y \end{pmatrix}$$

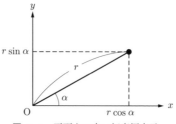

図 2.3 平面上の点の極座標表示.

となる.変換後のベクトル $\begin{pmatrix} 2p_x \\ 3p_y \end{pmatrix}$ は,$\begin{pmatrix} p_x \\ p_y \end{pmatrix}$ を x 軸方向に 2 倍,y 軸方向に 3 倍だけ拡大したものになっている. ∎

行列 A_1 のように,$(1,1)$ 成分と $(2,2)$ 成分以外が 0 である 2×2 型行列

$$\begin{pmatrix} k_x & 0 \\ 0 & k_y \end{pmatrix} \tag{2.9}$$

は**スケーリング行列**とよばれる.ただし $k_x>0$,$k_y>0$ とする.式 (2.9) は x 軸方向に k_x 倍,y 軸方向に k_y 倍する行列である.$k_x>1$ の場合は x 軸方向に拡大し,$0<k_x<1$ の場合は x 軸方向に縮小する.

例 2.4 行列 A_2 が反時計回りに 60 度回転する行列であることを確認する.図 2.3 に示すように,平面上の点は原点からの距離 r と x 軸から反時計回りに測った角度 α を用いて

$$\begin{pmatrix} r\cos\alpha \\ r\sin\alpha \end{pmatrix}$$

と表せる.(r,α) は**極座標**とよばれる.行列 A_2 とベクトル $\begin{pmatrix} r\cos\alpha \\ r\sin\alpha \end{pmatrix}$ の積を計算すると

$$\begin{pmatrix} \dfrac{1}{2} & -\dfrac{\sqrt{3}}{2} \\ \dfrac{\sqrt{3}}{2} & \dfrac{1}{2} \end{pmatrix} \begin{pmatrix} r\cos\alpha \\ r\sin\alpha \end{pmatrix} = \begin{pmatrix} \cos\dfrac{\pi}{3} & -\sin\dfrac{\pi}{3} \\ \sin\dfrac{\pi}{3} & \cos\dfrac{\pi}{3} \end{pmatrix} \begin{pmatrix} r\cos\alpha \\ r\sin\alpha \end{pmatrix} \tag{2.10}$$

$$= \begin{pmatrix} r\cos\dfrac{\pi}{3}\cos\alpha - r\sin\dfrac{\pi}{3}\sin\alpha \\[4mm] r\sin\dfrac{\pi}{3}\cos\alpha + r\cos\dfrac{\pi}{3}\sin\alpha \end{pmatrix}$$

となる．三角関数の加法定理より

$$\begin{pmatrix} r\cos\dfrac{\pi}{3}\cos\alpha - r\sin\dfrac{\pi}{3}\sin\alpha \\[4mm] r\sin\dfrac{\pi}{3}\cos\alpha + r\cos\dfrac{\pi}{3}\sin\alpha \end{pmatrix} = \begin{pmatrix} r\cos\left(\dfrac{\pi}{3}+\alpha\right) \\[4mm] r\sin\left(\dfrac{\pi}{3}+\alpha\right) \end{pmatrix}$$

が成り立つ．したがって，変換後のベクトル $\begin{pmatrix} r\cos\left(\dfrac{\pi}{3}+\alpha\right) \\[4mm] r\sin\left(\dfrac{\pi}{3}+\alpha\right) \end{pmatrix}$ はベクトル

$\begin{pmatrix} r\cos\alpha \\[2mm] r\sin\alpha \end{pmatrix}$ を $\dfrac{\pi}{3}$（$=60$ 度）回転したものになっている． ▌

式 (2.10) で用いた行列の $\dfrac{\pi}{3}$ を θ に置き換えた行列

$$\begin{pmatrix} \cos\theta & -\sin\theta \\ \sin\theta & \cos\theta \end{pmatrix} \tag{2.11}$$

を**回転行列**という．この行列を左から掛けると，もとの図形を反時計回りに θ だけ回転させることができる．

2.2 節のポイント

▷ $n \times n$ 型行列を用いて n 次元空間中の点を移動させる変換は線形変換とよばれる（線形変換の定義は 2.5 節で述べる）．

▷ 行列による線形変換には幾何学的な意味がある．

2.3　逆変換と逆行列

図 2.2 の破線上の 4 点 p_1', p_2', p_3', p_4' を実線上の 4 点 p_1, p_2, p_3, p_4 に戻す変換を考えよう．このような変換は**逆変換**とよばれる．行列 A_1 から A_4 の幾何学的な意味を考えると，逆変換に対応する行列 B_1 から B_4 は

B_1　　x 軸方向に $\dfrac{1}{2}$ 倍，y 軸方向に $\dfrac{1}{3}$ 倍だけ縮小する行列

B_2　　時計回りに 60 度(反時計回りに -60 度)回転する行列

B_3　　軸 $y=x$ に対して裏返す行列

B_4　　x 座標を y 座標の -2 倍だけずらす行列

となる．

例 2.5　行列 B_1 から B_4 を 2×2 型行列で書いてみよう．行列 B_1 は式(2.9)で $k_x=\dfrac{1}{2}$, $k_y=\dfrac{1}{3}$ とすればよい．行列 B_2 は式(2.11)で $\theta=-\dfrac{\pi}{3}\,(=-60$ 度$)$ とすれば得られる．行列 B_3 は A_3 と同じである．行列 B_4 は A_4 の $(1,2)$ 成分の 2 を -2 に置き換えた行列になる．

まとめると，行列 B_1 から B_4 は

$$B_1 = \begin{pmatrix} \dfrac{1}{2} & 0 \\ 0 & \dfrac{1}{3} \end{pmatrix}, \quad B_2 = \begin{pmatrix} \dfrac{1}{2} & \dfrac{\sqrt{3}}{2} \\ -\dfrac{\sqrt{3}}{2} & \dfrac{1}{2} \end{pmatrix},$$

$$B_3 = \begin{pmatrix} 0 & 1 \\ 1 & 0 \end{pmatrix}, \qquad B_4 = \begin{pmatrix} 1 & -2 \\ 0 & 1 \end{pmatrix}$$

となる．

例 2.6　行列 B_1 が行列 A_1 の逆変換であることを確かめる．ベクトル $\begin{pmatrix} p_x \\ p_y \end{pmatrix}$ に対して行列 A_1 による線形変換を行うと，

$$A_1 \begin{pmatrix} p_x \\ p_y \end{pmatrix} = \begin{pmatrix} 2p_x \\ 3p_y \end{pmatrix}$$

となることを例 2.3 で確認した．このベクトルを行列 B_1 を用いて変換すると

$$B_1 \begin{pmatrix} 2p_x \\ 3p_y \end{pmatrix} = \begin{pmatrix} \dfrac{1}{2} & 0 \\ 0 & \dfrac{1}{3} \end{pmatrix} \begin{pmatrix} 2p_x \\ 3p_y \end{pmatrix} = \begin{pmatrix} p_x \\ p_y \end{pmatrix}$$

となり，もとのベクトルに戻る．よって，行列 B_1 による変換は行列 A_1 による変換の逆変換である．

この計算は

$$B_1 A_1 \begin{pmatrix} p_x \\ p_y \end{pmatrix} = \begin{pmatrix} p_x \\ p_y \end{pmatrix}$$

であることを意味している．ここで，2 つの行列の積 $B_1 A_1$ を計算すると

$$B_1 A_1 = \begin{pmatrix} \dfrac{1}{2} & 0 \\ 0 & \dfrac{1}{3} \end{pmatrix} \begin{pmatrix} 2 & 0 \\ 0 & 3 \end{pmatrix} = \begin{pmatrix} 1 & 0 \\ 0 & 1 \end{pmatrix}$$

となる．行列 $\begin{pmatrix} 1 & 0 \\ 0 & 1 \end{pmatrix}$ は単位行列とよばれる． ∎

$n \times n$ 型の**単位行列**は，$(1,1)$ 成分，$(2,2)$ 成分，$\cdots$，(n,n) 成分がすべて 1，それ以外の成分はすべて 0 である行列

$$\overbrace{\begin{pmatrix} 1 & 0 & \cdots & 0 \\ 0 & 1 & \cdots & 0 \\ \vdots & \vdots & \ddots & \vdots \\ 0 & 0 & \cdots & 1 \end{pmatrix}}^{n} \left.\vphantom{\begin{pmatrix} 1 \\ 0 \\ \vdots \\ 0 \end{pmatrix}}\right\}n$$

である．本書では単位行列(identity matrix)をアルファベットの I で表す[2]．

ベクトル $\begin{pmatrix} p_x \\ p_y \end{pmatrix}$ に単位行列 $I = \begin{pmatrix} 1 & 0 \\ 0 & 1 \end{pmatrix}$ を左から掛けると

---

2) 単位行列を E で表すこともある．

$$\begin{pmatrix} 1 & 0 \\ 0 & 1 \end{pmatrix} \begin{pmatrix} p_x \\ p_y \end{pmatrix} = \begin{pmatrix} p_x \\ p_y \end{pmatrix}$$

となる. これは, 単位行列 I によって線形変換したベクトルは, 変換前のベクトルに一致することを意味する. このように, 単位行列 I による変換はベクトルが表す座標を動かさないため, **恒等変換**とよばれる.

積 B_2A_2, B_3A_3, B_4A_4 を計算すると

$$B_2A_2 = \begin{pmatrix} 1 & 0 \\ 0 & 1 \end{pmatrix}, \quad B_3A_3 = \begin{pmatrix} 1 & 0 \\ 0 & 1 \end{pmatrix}, \quad B_4A_4 = \begin{pmatrix} 1 & 0 \\ 0 & 1 \end{pmatrix}$$

となり, いずれも単位行列 $\begin{pmatrix} 1 & 0 \\ 0 & 1 \end{pmatrix}$ が得られる. したがって, 行列 $B_2, B_3,$

B_4 による変換はそれぞれ行列 A_2, A_3, A_4 による変換の逆変換になっている.

$n \times n$ 型行列 A に対して

$$AX = XA = I \tag{2.12}$$

が成り立つとき, X は A の**逆行列**とよばれ, A^{-1} で表される. 逆行列 A^{-1} をもつ行列 A を**正則**であるという.

例 2.6 の計算結果からわかるように, 逆変換に対応する行列 B_1 は A_1 の逆行列になっている. 同様にして, 行列 B_2, B_3, B_4 もそれぞれ A_2, A_3, A_4 の逆行列である.

一般に, 2×2 型行列 $A = \begin{pmatrix} a_{11} & a_{12} \\ a_{21} & a_{22} \end{pmatrix}$ の逆行列は

$$A^{-1} = \frac{1}{a_{11}a_{22} - a_{12}a_{21}} \begin{pmatrix} a_{22} & -a_{12} \\ -a_{21} & a_{11} \end{pmatrix} \tag{2.13}$$

となる. 実際に計算すると

$$AA^{-1} = \frac{1}{a_{11}a_{22} - a_{12}a_{21}} \begin{pmatrix} a_{11} & a_{12} \\ a_{21} & a_{22} \end{pmatrix} \begin{pmatrix} a_{22} & -a_{12} \\ -a_{21} & a_{11} \end{pmatrix} = \begin{pmatrix} 1 & 0 \\ 0 & 1 \end{pmatrix}$$

$$A^{-1}A = \frac{1}{a_{11}a_{22} - a_{12}a_{21}} \begin{pmatrix} a_{22} & -a_{12} \\ -a_{21} & a_{11} \end{pmatrix} \begin{pmatrix} a_{11} & a_{12} \\ a_{21} & a_{22} \end{pmatrix} = \begin{pmatrix} 1 & 0 \\ 0 & 1 \end{pmatrix}$$

となり，$AA^{-1} = A^{-1}A = I$ が成り立つことが確認できる．式(2.13)の分母に着目すると，

$$a_{11}a_{22} - a_{12}a_{21} \neq 0 \tag{2.14}$$

ならば逆行列 A^{-1} が存在することがわかる．実は，行列 A に逆行列 A^{-1} が存在することと式(2.14)の条件は同値である(3.4節参照)．

例題 2.5 式(2.13)を用いて，行列 $A_1 = \begin{pmatrix} 2 & 0 \\ 0 & 3 \end{pmatrix}$ の逆行列を計算せよ．

(解答)　式(2.13)で $a_{11} = 2$, $a_{12} = a_{21} = 0$, $a_{22} = 3$ とすると

$$A_1^{-1} = \frac{1}{2 \times 3 - 0 \times 0} \begin{pmatrix} 3 & 0 \\ 0 & 2 \end{pmatrix} = \begin{pmatrix} \dfrac{1}{2} & 0 \\ 0 & \dfrac{1}{3} \end{pmatrix}$$

となる．これは行列 B_1 に一致する． ∎

2.3 節のポイント

▷ 逆行列は逆変換に対応する．

2.4 面積拡大率と行列式

図2.2に示す実線の台形と破線の台形の面積について考えよう．実線の台形の面積は $\dfrac{7}{2}$ であり，破線の台形の面積は

A_1 の場合 21，　A_2 の場合 $\dfrac{7}{2}$，　A_3 の場合 $\dfrac{7}{2}$，　A_4 の場合 $\dfrac{7}{2}$

である. 破線の台形の面積が実線の台形の面積の何倍になるかは, 2 つの台形の面積の比から求められる. それぞれの場合について計算すると

$$A_1 \text{ の場合 } 6\left(=21 \div \frac{7}{2}\right), \ A_2 \text{ の場合 } 1, \ A_3 \text{ の場合 } 1, \ A_4 \text{ の場合 } 1 \quad (2.15)$$

を得る. 実は, この面積拡大率は変換に用いた行列からすぐに計算できる.

2×2 型行列 $A = \begin{pmatrix} a_{11} & a_{12} \\ a_{21} & a_{22} \end{pmatrix}$ の逆行列の式 (2.13) をもう一度みてみよう.
式 (2.13) の分母にある

$$a_{11}a_{22} - a_{12}a_{21} \quad (2.16)$$

は 2×2 型行列 A の**行列式**(determinant)とよばれる. 行列 A の行列式を $\det A$ で表す[3].

例題 2.6 式 (2.16) を用いて行列 A_1 から A_4 の行列式を計算し, 式 (2.15) の結果と比較せよ.

(解答) 式 (2.16) にしたがって計算すると, 行列 A_1 の行列式の値は

$$\det A_1 = \det \begin{pmatrix} 2 & 0 \\ 0 & 3 \end{pmatrix} = 2 \times 3 - 0 \times 0 = 6$$

となる. 同様にして,

$$\det A_2 = 1, \quad \det A_3 = -1, \quad \det A_4 = 1$$

を得る. 式 (2.15) と比較すると, 行列式の絶対値 $|\det A|$ が面積拡大率に一致する.

例題 2.6 では $\det A_3$ の値だけ負になっている. これは, 行列 A_3 による変換では点の順序が反対向きになることを意味する. 図 2.2(c) をみると, 実線の台形の頂点は●から反時計回りに■, ▼, ★と並んでいる. 一方, 破線の台形の頂点は●から時計回りに■, ▼, ★となっている.

---

3) 行列 A の行列式を $|A|$ と書くこともある.

行列 A_1 の逆行列 B_1 の行列式は $\det B_1 = \dfrac{1}{6}$ である．このように，行列 A_1 の逆変換に対応する行列 B_1 の面積拡大率は $\dfrac{1}{\det A_1}$ となる．

$n \times n$ 型行列の行列式の定義は 3.5 節で述べる．一般に，$n \times n$ 型行列 A とその逆行列 A^{-1} に対して

$$\det A \cdot \det A^{-1} = 1$$

が成り立つ（詳細は 3.6 節の性質 5 を参照）．

── 2.4 節のポイント ──

▷ 行列式の絶対値は面積拡大率に対応する．

▷ 行列式が負の場合，変換後の点の並びは逆順になる．

2.5 線形変換の性質

図 2.2 に示す実線の台形と破線の台形を比較して，以下で述べる線形変換の性質を確認する．

性質 1　原点は原点に移る．

性質 2　線分は線分に移る．

性質 3　平行線は平行線に移る．

性質 4　面積と角度は保存しない（つまり，面積と角度は変化することがある）．

性質 2 では，変換後の線分がつぶれて一点になることがある．性質 4 の角度とは 2 つのベクトルがなす角度のことであり，大きさだけでなく向きも考慮する．

性質 1 は点 $\boldsymbol{p}_1$ が動いていないことから確認できる．性質 2 と性質 3 は，台形が台形に変換されていることからわかる．最後に性質 4 を確認しよう．行列 A_1 による線形変換では面積が変わっている．行列 A_2 による線形変換では角度が保存されているが，A_1 と A_4 の場合には角度の大きさが変わっていて，

A_3 の場合には角度の向きが変わっている. このように, 線形変換は面積と角度を保存しない.

線形変換の定義を述べるために, いくつかの用語と記号を準備する. 実数全体の集合を $\mathbb{R}$ とする. 実数を成分とする n 次元の縦ベクトル全体の集合を $\mathbb{R}^n$ で表す. ある a が集合 A に属するとき $a \in A$ と表記する. たとえば, x が実数ならば $x \in \mathbb{R}$, $\boldsymbol{y}$ が実数を成分とする n 次元の縦ベクトルならば $\boldsymbol{y} \in \mathbb{R}^n$ と書く. また, すべての成分が 0 であるベクトル $\begin{pmatrix} 0 \\ 0 \\ \vdots \\ 0 \end{pmatrix}$ を**零ベクトル**といい, $\boldsymbol{0}$ で表す.

任意の n 次元ベクトルにひとつの m 次元ベクトルを対応させる f を, $\mathbb{R}^n$ から $\mathbb{R}^m$ への**写像**という. $\mathbb{R}^n$ から $\mathbb{R}^m$ への写像 f が

(1) $f(\boldsymbol{x}_1 + \boldsymbol{x}_2) = f(\boldsymbol{x}_1) + f(\boldsymbol{x}_2)$ $\quad (\boldsymbol{x}_1, \boldsymbol{x}_2 \in \mathbb{R}^n)$

(2) $f(c\boldsymbol{x}) = cf(\boldsymbol{x})$ $\quad (\boldsymbol{x} \in \mathbb{R}^n, c \in \mathbb{R})$

を満たすとき, f を**線形写像(一次写像)**という. 図2.1は $\mathbb{R}^3$ から $\mathbb{R}^2$ への線形写像の例である. (1)は「足してから変換したもの」と「変換してから足したもの」が一致するという性質である. (2)は, スカラー倍するという操作は, 変換の前と後のどちらに行ってもよいという性質である. (1)と(2)の性質を合わせて**線形性**という.

$m = n$ の場合, 言い換えると, 次元が同じ空間への線形写像は**線形変換(一次変換)**とよばれる. 線形変換 f について「原点は原点に移る(性質1)」が常に成り立つことを証明しよう. (1)に $\boldsymbol{x}_1 = \boldsymbol{x}_2 = \boldsymbol{0}$ を代入すると $f(\boldsymbol{0}) = 2f(\boldsymbol{0})$ となる. よって $f(\boldsymbol{0}) = \boldsymbol{0}$ である. これは, 原点が原点に移ることを意味する. 平行移動は原点を原点以外に移すため, 線形変換ではないことに注意する.

次に「線分は線分に移る(性質2)」について考えよう. $\boldsymbol{x}_1, \boldsymbol{x}_2 \in \mathbb{R}^n$ の中点を $\boldsymbol{z} = \dfrac{\boldsymbol{x}_1 + \boldsymbol{x}_2}{2}$ とすると

$$f(\boldsymbol{z}) = f\left(\frac{\boldsymbol{x}_1}{2} + \frac{\boldsymbol{x}_2}{2}\right) \overset{(1)}{=} f\left(\frac{\boldsymbol{x}_1}{2}\right) + f\left(\frac{\boldsymbol{x}_2}{2}\right) \overset{(2)}{=} \frac{1}{2}\left(f(\boldsymbol{x}_1) + f(\boldsymbol{x}_2)\right)$$

となる. よって $f(\boldsymbol{z})$ が $f(\boldsymbol{x}_1)$ と $f(\boldsymbol{x}_2)$ の中点になる. 同様にして, $\boldsymbol{x}_1, \boldsymbol{x}_2$ を端点とする線分を $a:b$ $(a > 0, b > 0)$ の比に内分する点を $\boldsymbol{z}' = \dfrac{b\boldsymbol{x}_1 + a\boldsymbol{x}_2}{a + b}$

とする．このとき

$$f(\boldsymbol{z}') = f\left(\frac{b\boldsymbol{x}_1 + a\boldsymbol{x}_2}{a+b}\right) \overset{(1)}{=} f\left(\frac{b\boldsymbol{x}_1}{a+b}\right) + f\left(\frac{a\boldsymbol{x}_2}{a+b}\right)$$

$$\overset{(2)}{=} \frac{b}{a+b} f(\boldsymbol{x}_1) + \frac{a}{a+b} f(\boldsymbol{x}_2)$$

となる．よって，$f(\boldsymbol{z}')$ は $f(\boldsymbol{x}_1)$ と $f(\boldsymbol{x}_2)$ を端点とする線分を $a\!:\!b$ の比に内分する点である．したがって，線分は線分に移り（性質 2），さらに内分比は同じままであることがわかる．

例 2.7 A を $n{\times}n$ 型行列，$\boldsymbol{x}$ を n 次元ベクトルとする．このとき $f(\boldsymbol{x}) = A\boldsymbol{x}$ が線形変換であることを証明しよう．

A は $n{\times}n$ 型行列なので，f は $\mathbb{R}^n$ から $\mathbb{R}^n$ への写像である．$\boldsymbol{x}_1, \boldsymbol{x}_2 \in \mathbb{R}^n$ に対して

$$f(\boldsymbol{x}_1 + \boldsymbol{x}_2) = A(\boldsymbol{x}_1 + \boldsymbol{x}_2) = A\boldsymbol{x}_1 + A\boldsymbol{x}_2 = f(\boldsymbol{x}_1) + f(\boldsymbol{x}_2)$$

が成り立つので，(1) の条件が成り立つ．また，$\boldsymbol{x} \in \mathbb{R}^n$, $c \in \mathbb{R}$ に対して

$$f(c\boldsymbol{x}) = A(c\boldsymbol{x}) = c(A\boldsymbol{x}) = cf(\boldsymbol{x})$$

となるので，(2) の条件が成り立つ．よって $f(\boldsymbol{x}) = A\boldsymbol{x}$ は線形変換である． ∎

行列 A が $m{\times}n$ 型行列で $\boldsymbol{x}$ が n 次元ベクトルである場合に $f(\boldsymbol{x}) = A\boldsymbol{x}$ が線形写像になることも例 2.7 と同じように証明できる．

―― 2.5 節のポイント ――
▷ 行列による変換は線形性をもつ．

コラム　線形変換による座標軸の変換

第 2 章の図はすべて，図 2.4 左のように x 軸と y 軸が直交する座標平面上に描いていた．一方，図 2.4 の中央と右の図のように，回転した座標平面や x 軸と y 軸が斜めに交わる座標平面も考えることができる．こ

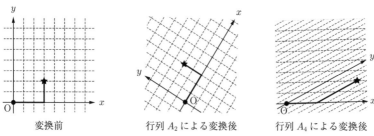

変換前　　　　　　行列 A_2 による変換後　　　　行列 A_4 による変換後

図 2.4　線形変換による座標軸の変換の例.

こでは 2.2 節の行列 A_2 と A_4 を例として，線形変換のもうひとつの見方を紹介しよう.

　行列 $A_2 = \begin{pmatrix} \dfrac{1}{2} & -\dfrac{\sqrt{3}}{2} \\ \dfrac{\sqrt{3}}{2} & \dfrac{1}{2} \end{pmatrix}$ によって，ベクトル $\begin{pmatrix} 1 \\ 0 \end{pmatrix}$ は $A_2 \begin{pmatrix} 1 \\ 0 \end{pmatrix} =$

$\begin{pmatrix} \dfrac{1}{2} \\ \dfrac{\sqrt{3}}{2} \end{pmatrix}$（$A_2$ の 1 列目のベクトル）に，ベクトル $\begin{pmatrix} 0 \\ 1 \end{pmatrix}$ は $A_2 \begin{pmatrix} 0 \\ 1 \end{pmatrix} =$

$\begin{pmatrix} -\dfrac{\sqrt{3}}{2} \\ \dfrac{1}{2} \end{pmatrix}$（$A_2$ の 2 列目のベクトル）に移る. 座標軸に着目して言い換え

ると，$\begin{pmatrix} 1 \\ 0 \end{pmatrix}$ を x 軸とし $\begin{pmatrix} 0 \\ 1 \end{pmatrix}$ を y 軸とする座標が，$\begin{pmatrix} \dfrac{1}{2} \\ \dfrac{\sqrt{3}}{2} \end{pmatrix}$ を新しい x

軸とし $\begin{pmatrix} -\dfrac{\sqrt{3}}{2} \\ \dfrac{1}{2} \end{pmatrix}$ を新しい y 軸とする座標に変換される.

　図 2.4 左の★印は図 2.2 のベクトル $\boldsymbol{p}_4 = \begin{pmatrix} 3 \\ 2 \end{pmatrix}$ を示している. ●印は

原点を表す. 変換後のベクトル $A_2\boldsymbol{p}_4$ の位置を図 2.4 中央の★印で示す.
新しい x 軸と y 軸からなる平面上では★印が座標 $(3,2)$ に位置すること
が確認できる. このように，線形変換後の新しい軸に着目すると，点の座
標は変換前と同じになる.

　同様にして，2.2 節の行列 $A_4 = \begin{pmatrix} 1 & 2 \\ 0 & 1 \end{pmatrix}$ に対応する新しい軸は $\begin{pmatrix} 1 \\ 0 \end{pmatrix}$

$(A_4$ の 1 列目のベクトル$)$と $\begin{pmatrix} 2 \\ 1 \end{pmatrix}$ $(A_4$ の 2 列目のベクトル$)$である．変換後のベクトル $A_4 \boldsymbol{p}_4$ の位置を図 2.4 右の★印で確認すると，新しい平面上の座標は $(3, 2)$ になっている．

2.6 演習問題

演習 2.1 n 次元の縦ベクトル $\boldsymbol{x} = \begin{pmatrix} z_1 \\ z_2 \\ \vdots \\ z_n \end{pmatrix}$ と横ベクトル $\boldsymbol{y} = \begin{pmatrix} z_1 & z_2 & \cdots & z_n \end{pmatrix}$

について，2 種類の積 $\boldsymbol{xy}$ と $\boldsymbol{yx}$ を計算せよ．

演習 2.2 正方行列 A に対して，n 個の A の積を A^n と書く．3 つの行列

$$A = \begin{pmatrix} 0 & 0 & 0 & 1 \\ 0 & 0 & 1 & 0 \\ 0 & 1 & 0 & 0 \\ 1 & 0 & 0 & 0 \end{pmatrix}, \quad B = \begin{pmatrix} 0 & 1 & 0 & 0 \\ 0 & 0 & 1 & 0 \\ 0 & 0 & 0 & 1 \\ 1 & 0 & 0 & 0 \end{pmatrix}, \quad C = \begin{pmatrix} 1 & p & 0 & 0 \\ 0 & 1 & p & 0 \\ 0 & 0 & 1 & p \\ 0 & 0 & 0 & 1 \end{pmatrix}$$

について以下の問いに答えよ．
(1) A^2, B^2, C^2 を計算せよ．
(2) A^3, B^3, C^3 を計算せよ．
(3) A^n, B^n, C^n を計算せよ．ただし n は自然数とする．必要ならば n の値で場合分けを行うこと．

演習 2.3 次の行列の逆行列を求めよ．ただし $pqrs \neq 0$ とする．

(1) $\begin{pmatrix} \cos\theta & -\sin\theta \\ \sin\theta & \cos\theta \end{pmatrix}$　(2) $\begin{pmatrix} p & 0 & 0 & 0 \\ 0 & q & 0 & 0 \\ 0 & 0 & r & 0 \\ 0 & 0 & 0 & s \end{pmatrix}$　(3) $\begin{pmatrix} 0 & 0 & 1 & 0 \\ 0 & 1 & 0 & 0 \\ 0 & 0 & 0 & 1 \\ 1 & 0 & 0 & 0 \end{pmatrix}$

演習 2.4 行列の行どうしまたは列どうしを入れ替える操作は，置換行列とよば

れる行列を用いて行列の積で表現できる. **置換行列**はどの行および列にも 1 がちょうどひとつあり, その他の成分がすべて 0 である行列のことをいう. たとえば, 演習 2.2 の行列 A, B と演習 2.3(3) の行列は置換行列である.

置換行列 P を掛けることで, 行列

$$A = \begin{pmatrix} 1 & 2 & 3 & 4 & 5 \\ 6 & 7 & 8 & 9 & 10 \\ 11 & 12 & 13 & 14 & 15 \end{pmatrix}$$

の 2 列目と 5 列目を入れ替えたい. 列を入れ替える場合に, PA(P を左から掛ける)と AP(P を右から掛ける)のどちらを計算すべきか答えよ. また, このとき用いる置換行列 P を書け.

演習 2.5 図 2.5 はある一家の家系図である. A さんには子供が 3 人(B さん, C さん, D さん)いて, B さんには子供が 2 人(E さんと F さん), C さんには子供が 1 人(G さん)いる. この家系図を行列 Z を用いて表そう. Z は 7×7 型行列であり, 行と列は A さんから G さんに対応する. 行 i が列 j の子供であるならば (i, j) 成分を 1 とし, そうでないならば 0 とする. たとえば, B さんは A さんの子供なので B 行 A 列の成分は 1 であり, C さんの子供ではないので B 行 C 列の成分は 0 である. 行列 Z の行 A と行 B の成分だけ書くと

$$Z = \begin{array}{c} \\ A \\ B \\ C \\ D \\ E \\ F \\ G \end{array} \begin{array}{c} \begin{array}{ccccccc} A & B & C & D & E & F & G \end{array} \\ \begin{pmatrix} 0 & 0 & 0 & 0 & 0 & 0 & 0 \\ 1 & 0 & 0 & 0 & 0 & 0 & 0 \\ & & & & & & \\ & & & & & & \\ & & & & & & \\ & & & & & & \\ & & & & & & \end{pmatrix} \end{array}$$

のようになる. このとき以下の問いに答えよ.

(1) 行列 Z を完成させよ.

(2) Z^2 を計算せよ.

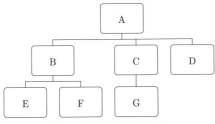

図 2.5　演習 2.5 の家系図.

(3) Z^2 が「行 i が列 j の孫である」という関係を表すことを確認せよ.

(4) Z^2 を計算すると (3) で述べた関係が現れる理由を説明せよ.

ベクトルが張る空間

3

第2章では平面上の図形の変換に焦点をあて，主に2×2型行列を扱った．本章では第2章の内容を高次元の空間に拡げ，一般の$m \times n$型行列について議論する．3.1節で2×2型行列による線形変換の例をみたあとで，3.2節以降で$m \times n$型行列に対する理解を深めていこう．

─── 3.1　2次元平面の線形変換の例 ───

2.2節では平面上の4点を線形変換した．本節では，平面上のすべての点の線形変換について考える．図3.1は，2次元平面の各点(＋印)と，それらを2.2節で使用した4種類の行列

$$A_1 = \begin{pmatrix} 2 & 0 \\ 0 & 3 \end{pmatrix}, \quad A_2 = \begin{pmatrix} \dfrac{1}{2} & -\dfrac{\sqrt{3}}{2} \\ \dfrac{\sqrt{3}}{2} & \dfrac{1}{2} \end{pmatrix},$$

$$A_3 = \begin{pmatrix} 0 & 1 \\ 1 & 0 \end{pmatrix}, \quad A_4 = \begin{pmatrix} 1 & 2 \\ 0 & 1 \end{pmatrix}$$

によって変換した点(○印)を示している．図3.1をみると，2.2節で述べた行列A_1からA_4の幾何学的な意味

　A_1　　x軸方向に2倍，y軸方向に3倍だけ拡大する行列

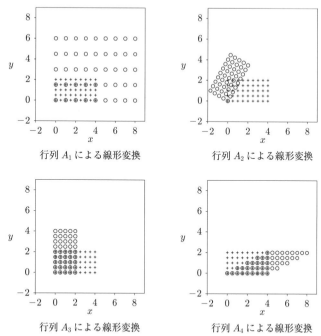

行列 A_1 による線形変換　　　　　行列 A_2 による線形変換

行列 A_3 による線形変換　　　　　行列 A_4 による線形変換

図 3.1　行列 A_1 から A_4 による線形変換. ＋印は変換前の点,
○印は変換後の点を表す.

A_2　　反時計回りに 60 度回転する行列

A_3　　軸 $y=x$ に対して裏返す行列

A_4　　x 座標を y 座標の 2 倍だけずらす行列

に対応するように点が移動している.

例 3.1　平面上の点を 2 次元ベクトル $\begin{pmatrix} x_1 \\ x_2 \end{pmatrix}$ で表す. 行列 A_1 によって線形

変換したベクトルを $\begin{pmatrix} y_1 \\ y_2 \end{pmatrix}$ とおく. 例 2.3 で確認したように

$$\begin{pmatrix} y_1 \\ y_2 \end{pmatrix} = \begin{pmatrix} 2 & 0 \\ 0 & 3 \end{pmatrix} \begin{pmatrix} x_1 \\ x_2 \end{pmatrix} = \begin{pmatrix} 2x_1 \\ 3x_2 \end{pmatrix} \tag{3.1}$$

である. ベクトル $\begin{pmatrix} x_1 \\ x_2 \end{pmatrix}$ が 2 次元平面上を自由に動くとき, $\begin{pmatrix} y_1 \\ y_2 \end{pmatrix}$ がどのよ

うな空間を動くか考えよう.

式(3.1)は

$$\begin{pmatrix} y_1 \\ y_2 \end{pmatrix} = x_1 \begin{pmatrix} 2 \\ 0 \end{pmatrix} + x_2 \begin{pmatrix} 0 \\ 3 \end{pmatrix}$$

と書き直せる. ベクトル $\begin{pmatrix} x_1 \\ x_2 \end{pmatrix}$ は2次元平面上を自由に動くため, x_1, x_2 は任意の実数である. したがって, $\begin{pmatrix} y_1 \\ y_2 \end{pmatrix}$ が動く空間を W_1 とすると

$$W_1 = \left\{ x_1 \begin{pmatrix} 2 \\ 0 \end{pmatrix} + x_2 \begin{pmatrix} 0 \\ 3 \end{pmatrix} \ \middle| \ x_1, x_2 \in \mathbb{R} \right\} \tag{3.2}$$

と書ける. 条件 $x_1, x_2 \in \mathbb{R}$ を満たす x_1, x_2 は無限に存在するため, 空間 W_1 は無限個のベクトルからなる集合であることに注意する. ▐

例題 3.1 行列 $A = \begin{pmatrix} a_{11} & a_{12} \\ a_{21} & a_{22} \end{pmatrix}$ によって線形変換したベクトルが動く空間 W_A を式で記述せよ.

(解答) 行列 A による線形変換で, ベクトル $\begin{pmatrix} x_1 \\ x_2 \end{pmatrix}$ がベクトル $\begin{pmatrix} y_1 \\ y_2 \end{pmatrix}$ に移るとする. このとき

$$\begin{pmatrix} y_1 \\ y_2 \end{pmatrix} = \begin{pmatrix} a_{11} & a_{12} \\ a_{21} & a_{22} \end{pmatrix} \begin{pmatrix} x_1 \\ x_2 \end{pmatrix}$$

が成り立つ. 行列とベクトルの積の式(2.7)にしたがって計算すると

$$\begin{pmatrix} y_1 \\ y_2 \end{pmatrix} = \begin{pmatrix} a_{11} & a_{12} \\ a_{21} & a_{22} \end{pmatrix} \begin{pmatrix} x_1 \\ x_2 \end{pmatrix} = \begin{pmatrix} a_{11}x_1 + a_{12}x_2 \\ a_{21}x_1 + a_{22}x_2 \end{pmatrix} = x_1 \begin{pmatrix} a_{11} \\ a_{21} \end{pmatrix} + x_2 \begin{pmatrix} a_{12} \\ a_{22} \end{pmatrix}$$

となる. このように, $\begin{pmatrix} y_1 \\ y_2 \end{pmatrix}$ は行列 A の列ベクトル $\begin{pmatrix} a_{11} \\ a_{21} \end{pmatrix}, \begin{pmatrix} a_{12} \\ a_{22} \end{pmatrix}$ に係数 x_1, x_2 をそれぞれ掛けて足したベクトルで書くことができる. したがって

$$W_A = \left\{ x_1 \begin{pmatrix} a_{11} \\ a_{21} \end{pmatrix} + x_2 \begin{pmatrix} a_{12} \\ a_{22} \end{pmatrix} \,\middle|\, x_1, x_2 \in \mathbb{R} \right\} \tag{3.3}$$

となる. ▮

例題 3.1 より，行列 A_2, A_3, A_4 によって変換したベクトルが動く空間 W_2, W_3, W_4 は，行列 A_2, A_3, A_4 の列ベクトルを用いて

$$W_2 = \left\{ x_1 \begin{pmatrix} \dfrac{1}{2} \\ \dfrac{\sqrt{3}}{2} \end{pmatrix} + x_2 \begin{pmatrix} -\dfrac{\sqrt{3}}{2} \\ \dfrac{1}{2} \end{pmatrix} \,\middle|\, x_1, x_2 \in \mathbb{R} \right\}$$

$$W_3 = \left\{ x_1 \begin{pmatrix} 0 \\ 1 \end{pmatrix} + x_2 \begin{pmatrix} 1 \\ 0 \end{pmatrix} \,\middle|\, x_1, x_2 \in \mathbb{R} \right\}$$

$$W_4 = \left\{ x_1 \begin{pmatrix} 1 \\ 0 \end{pmatrix} + x_2 \begin{pmatrix} 2 \\ 1 \end{pmatrix} \,\middle|\, x_1, x_2 \in \mathbb{R} \right\}$$

と書ける.

次に，別の 2×2 型行列

$$A_5 = \begin{pmatrix} 1 & 2 \\ 1 & 2 \end{pmatrix}$$

による線形変換を考えよう．例題 3.1 より，行列 A_5 によって変換したベクトルが動く空間 W_5 は

$$W_5 = \left\{ x_1 \begin{pmatrix} 1 \\ 1 \end{pmatrix} + x_2 \begin{pmatrix} 2 \\ 2 \end{pmatrix} \,\middle|\, x_1, x_2 \in \mathbb{R} \right\}$$

となる．空間 W_5 は

$$W_5 = \left\{ x_1 \begin{pmatrix} 1 \\ 1 \end{pmatrix} + x_2 \begin{pmatrix} 2 \\ 2 \end{pmatrix} \,\middle|\, x_1, x_2 \in \mathbb{R} \right\}$$

$$= \left\{ (x_1 + 2x_2) \begin{pmatrix} 1 \\ 1 \end{pmatrix} \,\middle|\, x_1, x_2 \in \mathbb{R} \right\}$$

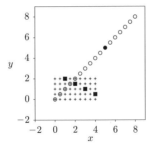

図3.2 行列 A_5 による線形変換. ＋印と■印は変換前の点, ○印と●印は変換後の点を表す.

と書き直せる. ここで $x_1' = x_1 + 2x_2$ とおく. $x_1, x_2 \in \mathbb{R}$ のとき $x_1' \in \mathbb{R}$ となるので,

$$W_5 = \left\{ x_1' \begin{pmatrix} 1 \\ 1 \end{pmatrix} \ \middle| \ x_1' \in \mathbb{R} \right\}$$

と表せる. よって, 空間 W_5 の点は $\begin{pmatrix} 1 \\ 1 \end{pmatrix}$ の実数倍となる.

図3.2の○印と●印は空間 W_5 の点を表す. ■印の4点の座標はそれぞれ

$$\begin{pmatrix} 1 \\ 2 \end{pmatrix}, \quad \begin{pmatrix} 2 \\ 1.5 \end{pmatrix}, \quad \begin{pmatrix} 3 \\ 1 \end{pmatrix}, \quad \begin{pmatrix} 4 \\ 0.5 \end{pmatrix}$$

である. 行列 A_5 による線形変換で, これらの点はすべて●印の点 $\begin{pmatrix} 5 \\ 5 \end{pmatrix}$ に移る.

図3.1では線形変換後の○印の点が2次元平面上に広がっている. 一方, 図3.2では○印の点が直線上にある. これは, 図3.1の行列 A_1 から A_4 による線形変換は平面から平面への変換であり, 行列 A_5 による線形変換は平面から直線への変換であることを意味する.

最後に, 行列 $A_6 = \begin{pmatrix} 0 & 0 \\ 0 & 0 \end{pmatrix}$ について考えよう. 行列 A_6 によって変換したベクトルが動く空間 W_6 は

$$W_6 = \left\{ x_1 \begin{pmatrix} 0 \\ 0 \end{pmatrix} + x_2 \begin{pmatrix} 0 \\ 0 \end{pmatrix} \;\middle|\; x_1, x_2 \in \mathbb{R} \right\} = \left\{ \begin{pmatrix} 0 \\ 0 \end{pmatrix} \right\}$$

となる．したがって，行列 A_6 による線形変換は平面から一点（原点）への変換である．3.2 節以降では行列 A_1 から A_6 の違いについて説明する．

> ── 3.1 節のポイント ──
>
> ▷2×2 型行列を用いると，平面から平面，平面から直線，平面から一点（原点）への線形変換を記述できる．

3.2　線形独立性と基底

　例 3.1 で説明した，行列 $A_1 = \begin{pmatrix} 2 & 0 \\ 0 & 3 \end{pmatrix}$ によって線形変換したベクトルが動く空間

$$W_1 = \left\{ x_1 \begin{pmatrix} 2 \\ 0 \end{pmatrix} + x_2 \begin{pmatrix} 0 \\ 3 \end{pmatrix} \;\middle|\; x_1, x_2 \in \mathbb{R} \right\} \tag{3.4}$$

について考えよう．式(3.4)では，ベクトル $\begin{pmatrix} 2 \\ 0 \end{pmatrix}$ と $\begin{pmatrix} 0 \\ 3 \end{pmatrix}$ に係数 x_1, x_2 を掛けて足すことで，新たなベクトル $x_1 \begin{pmatrix} 2 \\ 0 \end{pmatrix} + x_2 \begin{pmatrix} 0 \\ 3 \end{pmatrix}$ を作っている．このベクトルは $\begin{pmatrix} 2 \\ 0 \end{pmatrix}$ と $\begin{pmatrix} 0 \\ 3 \end{pmatrix}$ の線形結合とよばれる．

　一般に，n 本の m 次元ベクトル $\boldsymbol{v}_1, \boldsymbol{v}_2, \dots, \boldsymbol{v}_n$ に対して，スカラー $c_1, c_2, \dots, c_n$ を係数として

$$\boldsymbol{w} = c_1 \boldsymbol{v}_1 + c_2 \boldsymbol{v}_2 + \dots + c_n \boldsymbol{v}_n$$

の形で書かれるベクトル $\boldsymbol{w}$ を，$\boldsymbol{v}_1, \boldsymbol{v}_2, \dots, \boldsymbol{v}_n$ の**線形結合（一次結合）**という．

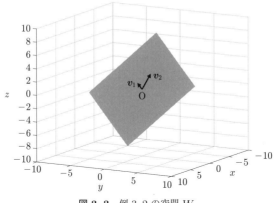

図 3.3 例 3.2 の空間 W.

ベクトル $\boldsymbol{v}_1, \boldsymbol{v}_2, \ldots, \boldsymbol{v}_n$ の線形結合が動く空間 W は

$$W = \{c_1\boldsymbol{v}_1 + c_2\boldsymbol{v}_2 + \cdots + c_n\boldsymbol{v}_n \mid c_1, c_2, \ldots, c_n \in \mathbb{R}\} \tag{3.5}$$

と書ける．空間 W はベクトル空間とよばれるものである（第 3 章のコラム参照）．

　式 (3.5) のように W が記述できるとき，ベクトル $\boldsymbol{v}_1, \boldsymbol{v}_2, \ldots, \boldsymbol{v}_n$ は空間 W を**張る**という．式 (3.3) をみると，行列 $A = \begin{pmatrix} a_{11} & a_{12} \\ a_{21} & a_{22} \end{pmatrix}$ によって変換したベクトルが動く空間 W_A は，行列 A の列ベクトル $\begin{pmatrix} a_{11} \\ a_{21} \end{pmatrix}$, $\begin{pmatrix} a_{12} \\ a_{22} \end{pmatrix}$ が張る空間になっている．

例 3.2 図 3.3 に 2 つの 3 次元ベクトル $\boldsymbol{v}_1 = \begin{pmatrix} 1 \\ 0 \\ 1 \end{pmatrix}$, $\boldsymbol{v}_2 = \begin{pmatrix} 1 \\ 2 \\ 3 \end{pmatrix}$ が張る空間 $W = \{c_1\boldsymbol{v}_1 + c_2\boldsymbol{v}_2 \mid c_1, c_2 \in \mathbb{R}\}$ を示す．図中の矢印はベクトル $\boldsymbol{v}_1, \boldsymbol{v}_2$ を表している．図 3.3 をみると空間 W は原点および $\boldsymbol{v}_1, \boldsymbol{v}_2$ の 3 点を通る平面であり，張るという言葉のイメージに合っている．

例 3.3 空間 W_1 の式 (3.4) とは別の表現方法として，

$$W_1 = \left\{ c_1 \begin{pmatrix} 2 \\ 0 \end{pmatrix} + c_2 \begin{pmatrix} 0 \\ 3 \end{pmatrix} + c_3 \begin{pmatrix} 2 \\ 3 \end{pmatrix} \,\middle|\, c_1, c_2, c_3 \in \mathbb{R} \right\} \tag{3.6}$$

$$W_1 = \left\{ c_1' \begin{pmatrix} 2 \\ 0 \end{pmatrix} + c_2' \begin{pmatrix} 0 \\ 3 \end{pmatrix} + c_3' \begin{pmatrix} 2 \\ 3 \end{pmatrix} + c_4' \begin{pmatrix} 1 \\ 1 \end{pmatrix} \,\middle|\, c_1', c_2', c_3', c_4' \in \mathbb{R} \right\} \tag{3.7}$$

のように書けることを確認しよう．式(3.4)で $x_1 = c_1 + c_3$, $x_2 = c_2 + c_3$ とすれば，式(3.6)の W_1 に一致する．また，式(3.4)で $x_1 = c_1' + c_3' + \frac{1}{2} c_4'$, $x_2 = c_2' + c_3' + \frac{1}{3} c_4'$ とすれば，式(3.7)の W_1 に一致する．このように，線形結合で考えるベクトルをどのようにとるかによって，空間 W_1 にはさまざまな表現方法がある．

　n 本の m 次元ベクトル $\boldsymbol{v}_1, \boldsymbol{v}_2, \ldots, \boldsymbol{v}_n$ に対して

$$c_1 \boldsymbol{v}_1 + c_2 \boldsymbol{v}_2 + \cdots + c_n \boldsymbol{v}_n = \begin{pmatrix} 0 \\ 0 \\ \vdots \\ 0 \end{pmatrix} \quad \Rightarrow \quad c_1 = c_2 = \cdots = c_n = 0 \tag{3.8}$$

が成り立つとき，$\boldsymbol{v}_1, \boldsymbol{v}_2, \ldots, \boldsymbol{v}_n$ は**線形独立（一次独立）**であるという．言い換えると，$c_1, c_2, \ldots, c_n$ のどれかひとつでも 0 でないような係数 $c_1, c_2, \ldots, c_n$ が存在して

$$c_1 \boldsymbol{v}_1 + c_2 \boldsymbol{v}_2 + \cdots + c_n \boldsymbol{v}_n = \begin{pmatrix} 0 \\ 0 \\ \vdots \\ 0 \end{pmatrix}$$

が成り立つとき，ベクトル $\boldsymbol{v}_1, \boldsymbol{v}_2, \ldots, \boldsymbol{v}_n$ は線形独立ではない．このとき，ベクトル $\boldsymbol{v}_1, \boldsymbol{v}_2, \ldots, \boldsymbol{v}_n$ は**線形従属（一次従属）**であるという．

例題 3.2 　式(3.4)に現れる 2 つのベクトル $\begin{pmatrix} 2 \\ 0 \end{pmatrix}$, $\begin{pmatrix} 0 \\ 3 \end{pmatrix}$ が線形独立であることを証明せよ．

（解答）　式(3.8)にあてはめて

$$c_1 \begin{pmatrix} 2 \\ 0 \end{pmatrix} + c_2 \begin{pmatrix} 0 \\ 3 \end{pmatrix} = \begin{pmatrix} 0 \\ 0 \end{pmatrix}$$

を解く．これを書き直すと $2c_1 = 0$, $3c_2 = 0$ となるので，$c_1 = c_2 = 0$ を得る．つまり，$c_1 \begin{pmatrix} 2 \\ 0 \end{pmatrix} + c_2 \begin{pmatrix} 0 \\ 3 \end{pmatrix}$ が $\begin{pmatrix} 0 \\ 0 \end{pmatrix}$ になるためには，係数 c_1, c_2 が両方とも 0 でなければならない．よって，式(3.8)の条件が成り立つので，これらのベクトルは線形独立である．

例題 3.3 式(3.6)に現れる 3 つのベクトル $\begin{pmatrix} 2 \\ 0 \end{pmatrix}$, $\begin{pmatrix} 0 \\ 3 \end{pmatrix}$, $\begin{pmatrix} 2 \\ 3 \end{pmatrix}$ が線形従属であることを証明せよ．

（解答）　式(3.8)にあてはめて

$$c_1 \begin{pmatrix} 2 \\ 0 \end{pmatrix} + c_2 \begin{pmatrix} 0 \\ 3 \end{pmatrix} + c_3 \begin{pmatrix} 2 \\ 3 \end{pmatrix} = \begin{pmatrix} 0 \\ 0 \end{pmatrix}$$

を考える．$c_1 = 1$, $c_2 = 1$, $c_3 = -1$ はこの式を満たす．$c_1 = c_2 = c_3 = 0$ 以外に上の式を満たすものが存在するので，式(3.8)の条件は成り立たない．よって，これらのベクトルは線形従属である．

　例題 3.3 と同様にして，式(3.7)の 4 つのベクトルが線形従属であることも証明できる．このように，式(3.6)と式(3.7)では線形従属なベクトルを用いて空間 W_1 を記述している．

　例題 3.2 で確認したように，式(3.4)では線形独立なベクトルだけで空間 W_1 を表現している．空間を記述するベクトルの集合のうち，線形独立なものを基底という．正確に定義すると，空間 W の**基底**とは 2 つの条件

(1) $\boldsymbol{v}_1, \boldsymbol{v}_2, \ldots, \boldsymbol{v}_k$ が線形独立である
(2) 空間 W の任意のベクトルを $\boldsymbol{v}_1, \boldsymbol{v}_2, \ldots, \boldsymbol{v}_k$ の線形結合で表すことができる

を満たすベクトルの集合 $\{\boldsymbol{v}_1, \boldsymbol{v}_2, \ldots, \boldsymbol{v}_k\}$ である．

空間 W_1 については

- 2つのベクトルからなる集合 $\left\{\begin{pmatrix} 2 \\ 0 \end{pmatrix}, \begin{pmatrix} 0 \\ 3 \end{pmatrix}\right\}$ は基底である

- 3つのベクトルからなる集合 $\left\{\begin{pmatrix} 2 \\ 0 \end{pmatrix}, \begin{pmatrix} 0 \\ 3 \end{pmatrix}, \begin{pmatrix} 2 \\ 3 \end{pmatrix}\right\}$ は基底ではない

- 4つのベクトルからなる集合 $\left\{\begin{pmatrix} 2 \\ 0 \end{pmatrix}, \begin{pmatrix} 0 \\ 3 \end{pmatrix}, \begin{pmatrix} 2 \\ 3 \end{pmatrix}, \begin{pmatrix} 1 \\ 1 \end{pmatrix}\right\}$ は基底ではない

となっている.

空間 W_1 の別の表現方法として, 式(3.7)の1つ目と4つ目のベクトルから作った集合

$$W_1 = \left\{ c_1 \begin{pmatrix} 2 \\ 0 \end{pmatrix} + c_2 \begin{pmatrix} 1 \\ 1 \end{pmatrix} \,\middle|\, c_1, c_2 \in \mathbb{R} \right\}$$

を考えよう. 式(3.4)で $x_1 = c_1 + \dfrac{1}{2}c_2$, $x_2 = \dfrac{1}{3}c_2$ とすれば, この W_1 に一致することが確認できる. 2つのベクトル $\begin{pmatrix} 2 \\ 0 \end{pmatrix}$, $\begin{pmatrix} 1 \\ 1 \end{pmatrix}$ は線形独立なので, $\left\{\begin{pmatrix} 2 \\ 0 \end{pmatrix}, \begin{pmatrix} 1 \\ 1 \end{pmatrix}\right\}$ は基底である. 空間 W_1 の基底は他にもたくさん挙げることができるが, 基底を構成するベクトルの本数は同じであるという共通点がある. たとえば, 空間 W_1 の2つの基底 $\left\{\begin{pmatrix} 2 \\ 0 \end{pmatrix}, \begin{pmatrix} 0 \\ 3 \end{pmatrix}\right\}$ と $\left\{\begin{pmatrix} 2 \\ 0 \end{pmatrix}, \begin{pmatrix} 1 \\ 1 \end{pmatrix}\right\}$ では, ベクトルの本数がともに2となっている. 空間 W の基底を構成するベクトルの本数は W の**次元**(dimension)とよばれ, $\dim W$ で表される.

例題 3.4 3.1節で述べた2つの空間

$$W_4 = \left\{ x_1 \begin{pmatrix} 1 \\ 0 \end{pmatrix} + x_2 \begin{pmatrix} 2 \\ 1 \end{pmatrix} \middle| x_1, x_2 \in \mathbb{R} \right\}$$

$$W_5 = \left\{ x_1 \begin{pmatrix} 1 \\ 1 \end{pmatrix} + x_2 \begin{pmatrix} 2 \\ 2 \end{pmatrix} \middle| x_1, x_2 \in \mathbb{R} \right\}$$

の次元を計算せよ.

(解答) 2つのベクトル $\begin{pmatrix} 1 \\ 0 \end{pmatrix}$, $\begin{pmatrix} 2 \\ 1 \end{pmatrix}$ は線形独立なので, $\left\{ \begin{pmatrix} 1 \\ 0 \end{pmatrix}, \begin{pmatrix} 2 \\ 1 \end{pmatrix} \right\}$ は W_4 の基底である. したがって W_4 の次元は 2 である.

2つのベクトル $\begin{pmatrix} 1 \\ 1 \end{pmatrix}$, $\begin{pmatrix} 2 \\ 2 \end{pmatrix}$ は線形従属なので, $\left\{ \begin{pmatrix} 1 \\ 1 \end{pmatrix}, \begin{pmatrix} 2 \\ 2 \end{pmatrix} \right\}$ は基底ではない. 一方, 1つのベクトルからなる集合 $\left\{ \begin{pmatrix} 1 \\ 1 \end{pmatrix} \right\}$ は W_5 の基底である. この理由は以下の通りである. まず, 1つのベクトル $\begin{pmatrix} 1 \\ 1 \end{pmatrix}$ は線形独立である. 次に, $W_5 = \left\{ (x_1 + 2x_2) \begin{pmatrix} 1 \\ 1 \end{pmatrix} \middle| x_1, x_2 \in \mathbb{R} \right\}$ と書けるので, W_5 の任意のベクトルは $\begin{pmatrix} 1 \\ 1 \end{pmatrix}$ のスカラー倍で表現できる. よって, 集合 $\left\{ \begin{pmatrix} 1 \\ 1 \end{pmatrix} \right\}$ は W_5 の基底なので, W_5 の次元は 1 である.

図 3.1 と図 3.2 で確認したように, 行列 A_4 による線形変換は平面から平面への変換であり, 行列 A_5 による線形変換は平面から直線への変換であった. 変換後に平面(2 次元)になるか直線(1 次元)になるかは, 空間 W_4 と W_5 の次元に対応する. ▮

例 3.4 今までの議論をより深く理解するために, 4 つの 3 次元ベクトル

$$\boldsymbol{v}_1 = \begin{pmatrix} 1 \\ 0 \\ 1 \end{pmatrix}, \quad \boldsymbol{v}_2 = \begin{pmatrix} 1 \\ 2 \\ 3 \end{pmatrix}, \quad \boldsymbol{v}_3 = \begin{pmatrix} 3 \\ 2 \\ 5 \end{pmatrix}, \quad \boldsymbol{v}_4 = \begin{pmatrix} 3 \\ 6 \\ 9 \end{pmatrix}$$

が張る空間

$$W_7 = \{c_1 \boldsymbol{v}_1 + c_2 \boldsymbol{v}_2 + c_3 \boldsymbol{v}_3 + c_4 \boldsymbol{v}_4 \mid c_1, c_2, c_3, c_4 \in \mathbb{R}\}$$

の次元を計算してみよう.

いま $\boldsymbol{v}_3 = 2\boldsymbol{v}_1 + \boldsymbol{v}_2$, $\boldsymbol{v}_4 = 3\boldsymbol{v}_2$ が成り立つので,

$$W_7 = \{c_1 \boldsymbol{v}_1 + c_2 \boldsymbol{v}_2 + c_3(2\boldsymbol{v}_1 + \boldsymbol{v}_2) + c_4(3\boldsymbol{v}_2) \mid c_1, c_2, c_3, c_4 \in \mathbb{R}\}$$

$$= \{(c_1 + 2c_3)\boldsymbol{v}_1 + (c_2 + c_3 + 3c_4)\boldsymbol{v}_2 \mid c_1, c_2, c_3, c_4 \in \mathbb{R}\}$$

と書き直せる. ここで $c_1' = c_1 + 2c_3$, $c_2' = c_2 + c_3 + 3c_4$ とおくと

$$W_7 = \{c_1' \boldsymbol{v}_1 + c_2' \boldsymbol{v}_2 \mid c_1', c_2' \in \mathbb{R}\}$$

となる. 2つのベクトル $\boldsymbol{v}_1, \boldsymbol{v}_2$ は線形独立なので, $\{\boldsymbol{v}_1, \boldsymbol{v}_2\}$ は W_7 の基底である. したがって W_7 の次元は 2 である.

実は, 空間 W_7 は例 3.2 で扱った空間と同じものであり, 図 3.3 は空間 W_7 を表している. 図 3.3 からも, 空間 W_7 が 3 次元中の 2 次元平面であることが確認できる. ▮

┌─── 3.2 節のポイント ─────────────────────

▷ 線形独立性は線形代数における重要な概念である.

▷ 線形変換後の空間を表現する基底は複数存在するが, 基底を構成するベクトルの本数は同じである.

▷ 空間の基底を構成するベクトルの本数は空間の次元とよばれる.

3.3 空間の次元と行列の階数

例 3.4 では, 空間

$$W_7 = \left\{ c_1 \begin{pmatrix} 1 \\ 0 \\ 1 \end{pmatrix} + c_2 \begin{pmatrix} 1 \\ 2 \\ 3 \end{pmatrix} + c_3 \begin{pmatrix} 3 \\ 2 \\ 5 \end{pmatrix} + c_4 \begin{pmatrix} 3 \\ 6 \\ 9 \end{pmatrix} \,\middle|\, c_1, c_2, c_3, c_4 \in \mathbb{R} \right\}$$

の次元が 2 であることを確認した．空間 W_7 を行列とベクトルの積を用いて書き直すと

$$W_7 = \left\{ \left(\begin{array}{c|c|c|c} 1 & 1 & 3 & 3 \\ 0 & 2 & 2 & 6 \\ 1 & 3 & 5 & 9 \end{array} \right) \begin{pmatrix} c_1 \\ c_2 \\ c_3 \\ c_4 \end{pmatrix} \,\middle|\, \begin{pmatrix} c_1 \\ c_2 \\ c_3 \\ c_4 \end{pmatrix} \in \mathbb{R}^4 \right\}$$

となる．空間 W_7 の次元は，この式に現れる行列 $A_7 = \begin{pmatrix} 1 & 1 & 3 & 3 \\ 0 & 2 & 2 & 6 \\ 1 & 3 & 5 & 9 \end{pmatrix}$ の階数とよばれるものに一致する．

$m \times n$ 型行列

$$V = \begin{pmatrix} v_{11} & v_{12} & \cdots & v_{1n} \\ v_{21} & v_{22} & \cdots & v_{2n} \\ \vdots & \vdots & \ddots & \vdots \\ v_{m1} & v_{m2} & \cdots & v_{mn} \end{pmatrix}$$

における線形独立な列ベクトルの最大本数を V の**階数**(rank)といい，$\mathrm{rank}\, V$ と書く．階数は線形独立な行ベクトルの最大本数としても定義できる．

例題 3.5 2×3 型行列 $\begin{pmatrix} 2 & 0 & 2 \\ 0 & 3 & 3 \end{pmatrix}$ の階数を計算せよ．

(解答)　行列の階数を 2 通りの方法で求める．まず，階数を線形独立な列ベクトルの最大本数として計算する．3 つの列ベクトル $\begin{pmatrix} 2 \\ 0 \end{pmatrix}, \begin{pmatrix} 0 \\ 3 \end{pmatrix}, \begin{pmatrix} 2 \\ 3 \end{pmatrix}$ について考える．例題 3.3 よりこの 3 つのベクトルは線形従属であるが，例題 3.2 より 2 つのベクトル $\begin{pmatrix} 2 \\ 0 \end{pmatrix}, \begin{pmatrix} 0 \\ 3 \end{pmatrix}$ は線形独立である．したがって，線形独立な

列ベクトルの最大本数は 2 となる. よって, 行列の階数は 2 である.

次に, 階数を線形独立な行ベクトルの最大本数として計算する. 2 つの行ベクトル $\begin{pmatrix} 2 & 0 & 2 \end{pmatrix}$, $\begin{pmatrix} 0 & 3 & 3 \end{pmatrix}$ は線形独立であるため, 線形独立な行ベクトルの最大本数は 2 となる. よって, 行列の階数は 2 である.

行列を列ベクトルにわけた場合と行ベクトルにわけた場合で, 線形独立なベクトルの最大本数は一致する. 行列を列ベクトルにわけるか行ベクトルにわけるかについては計算しやすい方を選べばよい. ▌

空間 W_7 の次元は, W_7 の基底を構成するベクトルの本数であった. 空間 W_7 の基底は, 4 つのベクトル

$$\boldsymbol{v}_1 = \begin{pmatrix} 1 \\ 0 \\ 1 \end{pmatrix}, \quad \boldsymbol{v}_2 = \begin{pmatrix} 1 \\ 2 \\ 3 \end{pmatrix}, \quad \boldsymbol{v}_3 = \begin{pmatrix} 3 \\ 2 \\ 5 \end{pmatrix}, \quad \boldsymbol{v}_4 = \begin{pmatrix} 3 \\ 6 \\ 9 \end{pmatrix}$$

の中で線形独立なものをできるだけ多く含むベクトルの集合である. これらのベクトルは行列 A_7 の列ベクトルに対応するため,

$$\dim W_7 = \operatorname{rank} A_7$$

が成り立つ. 一般に, $m \times n$ 型行列 V について

$$\dim\{V\boldsymbol{x} \mid \boldsymbol{x} \in \mathbb{R}^n\} = \operatorname{rank} V \tag{3.9}$$

が成り立つ.

【例題 3.6】 例題 3.4 で扱った空間 W_4, W_5 を記述する行列

$$A_4 = \begin{pmatrix} 1 & 2 \\ 0 & 1 \end{pmatrix}, \quad A_5 = \begin{pmatrix} 1 & 2 \\ 1 & 2 \end{pmatrix}$$

の階数を計算せよ.

(解答) 行列 A_4, A_5 を列ベクトル(または行ベクトル)にわけて線形独立性を考える. 行列 A_4 の 2 つの列ベクトルは線形独立なので, $\operatorname{rank} A_4 = 2$ である.

行列 A_5 の2つの列ベクトルは線形従属だが,1つだけの列ベクトルは線形独立なので,rank $A_5 = 1$ である.

例題3.4では dim $W_4 = 2$, dim $W_5 = 1$ を計算した.この計算結果と比較すると dim $W_4 = $ rank $A_4 = 2$, dim $W_5 = $ rank $A_5 = 1$ であり,式(3.9)が成り立つことが確認できる.▮

本節では紹介していないが,行列 V の階数は以下の値にも等しい.

- V を階数標準形に変形したときに現れる1の数(階数標準形については3.9節参照)
- $V^\top V$ の0でない固有値の数(転置行列 $V^\top$ については3.8節参照,固有値については第4章参照)
- V の0でない特異値の数(特異値については第7章参照)

3.3節のポイント

▷ 行列の階数は線形独立な列ベクトルの最大本数,または,線形独立な行ベクトルの最大本数として定義される.

▷ 行列の階数には同値な定義が複数存在する.

3.4 2次元平面の線形変換のまとめ

2×2 型行列 $A = \begin{pmatrix} a_{11} & a_{12} \\ a_{21} & a_{22} \end{pmatrix}$ の逆行列は式(2.13)で述べた.また,行列 A の行列式は(2.16)で記述した.ここでは 2×2 型行列に焦点をあて,階数,行列式,逆行列の関係をまとめる.

3.1節で述べたように,行列 $A_5 = \begin{pmatrix} 1 & 2 \\ 1 & 2 \end{pmatrix}$ による線形変換は平面から直線への変換であった.行列 A_5 による線形変換では平面(2次元)から直線(1次元)に次元が落ちるので,面積拡大率に対応する行列式の値は0になる.

表 3.1 行列 A_1 から A_6 の階数,行列式,逆行列の比較.

	A_1	A_2	A_3	A_4	A_5	A_6
行列	$\begin{pmatrix} 2 & 0 \\ 0 & 3 \end{pmatrix}$	$\begin{pmatrix} \dfrac{1}{2} & -\dfrac{\sqrt{3}}{2} \\ \dfrac{\sqrt{3}}{2} & \dfrac{1}{2} \end{pmatrix}$	$\begin{pmatrix} 0 & 1 \\ 1 & 0 \end{pmatrix}$	$\begin{pmatrix} 1 & 2 \\ 0 & 1 \end{pmatrix}$	$\begin{pmatrix} 1 & 2 \\ 1 & 2 \end{pmatrix}$	$\begin{pmatrix} 0 & 0 \\ 0 & 0 \end{pmatrix}$
階数	2	2	2	2	1	0
行列式	6	1	-1	1	0	0
逆行列	$\begin{pmatrix} \dfrac{1}{2} & 0 \\ 0 & \dfrac{1}{3} \end{pmatrix}$	$\begin{pmatrix} \dfrac{1}{2} & \dfrac{\sqrt{3}}{2} \\ -\dfrac{\sqrt{3}}{2} & \dfrac{1}{2} \end{pmatrix}$	$\begin{pmatrix} 0 & 1 \\ 1 & 0 \end{pmatrix}$	$\begin{pmatrix} 1 & -2 \\ 0 & 1 \end{pmatrix}$	存在 しない	存在 しない

図 3.2 でみたように,行列 A_5 による線形変換後の一点は変換前の複数の点に対応する.そのため,変換後の空間 W_5 中の点から平面へ逆変換しようとすると,どの点に戻ればよいかわからない.2.3 節で述べたように,逆変換は逆行列に対応する.よって,逆変換ができないことは行列 A_5 の逆行列 A_5^{-1} が存在しないことを意味する.すなわち

$$\mathrm{rank}\, A_5 = \dim W_5 < 2 \quad \Leftrightarrow \quad \det A_5 = 0 \quad \Leftrightarrow \quad A_5^{-1}\text{が存在しない}$$

となる.

　行列 A_1, A_2, A_3, A_4 による線形変換は平面から平面への変換であった.一般に,2×2 型行列 A による線形変換が平面から平面への変換であるとき

$$\mathrm{rank}\, A = 2 \quad \Leftrightarrow \quad \det A \neq 0 \quad \Leftrightarrow \quad A^{-1} \text{ が存在する}$$
$$\begin{pmatrix} \text{線形変換の前後で} \\ \text{空間の次元が同じ} \end{pmatrix} \Leftrightarrow \begin{pmatrix} \text{変換後の面積が} \\ \text{0 でない} \end{pmatrix} \Leftrightarrow \quad (\text{逆変換が可能})$$

$$(3.10)$$

が成り立つ.

　3.1 節の行列 A_1 から A_6 の階数,行列式,逆行列をまとめると表 3.1 のようになる.

┌─── 3.4 節のポイント ─────────────────────────
│ ▷ 2×2 型行列 A について
│
│ $$\mathrm{rank}\,A = 2 \quad \Leftrightarrow \quad \det A \neq 0 \quad \Leftrightarrow \quad A^{-1}\ が存在する$$
│
│ が成り立つ. この関係は, 階数, 行列式, 逆行列の幾何学的な意味を考え
│ ると理解しやすい.
└──

3.5 n 次元空間の線形変換

$n \times n$ 型行列 A についても式 (3.10) と同様の性質である

$$\mathrm{rank}\,A = n \qquad \Leftrightarrow \qquad \det A \neq 0 \qquad \Leftrightarrow \qquad A^{-1}\ が存在する$$

$$\begin{pmatrix}線形変換の前後で\\空間の次元が同じ\end{pmatrix} \quad \Leftrightarrow \quad \begin{pmatrix}変換後の体積が\\0でない\end{pmatrix} \quad \Leftrightarrow \quad （逆変換が可能）$$

が成立する. $n \times n$ 型行列の逆行列の定義は式 (2.12) の通りである. 以下で
は, $n \times n$ 型行列 A の行列式 $\det A$ の定義を説明する.

式 (2.16) で述べたように 2×2 型行列の行列式は

$$\det\begin{pmatrix}a_{11} & a_{12}\\a_{21} & a_{22}\end{pmatrix} = a_{11}a_{22} - a_{12}a_{21}$$

であった. また, 3×3 型行列の行列式は

$$\det\begin{pmatrix}a_{11} & a_{12} & a_{13}\\a_{21} & a_{22} & a_{23}\\a_{31} & a_{32} & a_{33}\end{pmatrix} = \begin{aligned}&a_{11}a_{22}a_{33} + a_{12}a_{23}a_{31} + a_{13}a_{21}a_{32}\\&- a_{11}a_{23}a_{32} - a_{12}a_{21}a_{33} - a_{13}a_{22}a_{31}\end{aligned} \quad (3.11)$$

のようになる.

式 (3.11) の 2 つ目の項 $a_{12}a_{23}a_{31}$ は $(1,2)$ 成分, $(2,3)$ 成分, $(3,1)$ 成分の
積である. 下線で示すように, 行については $(1,2,3)$ と順番に並べて書かれ
ていることに注意しよう. 式 (3.11) では, すべての項について行の添え字が

$(1,2,3)$ と順番に並べて書かれている．列の添え字は $1,2,3$ の数字の並べ方の全通りが現れるため，行列式には $3!=6$ つの項がある．

6 つの項のうち

- 列の添え字が $(1,2,3), (2,3,1), (3,1,2)$ のとき符号が正
- 列の添え字が $(1,3,2), (2,1,3), (3,2,1)$ のとき符号が負

となっている．実は，各項の符号は列の添え字から決まる．

列の添え字が $(2,3,1)$ の場合に符号が正になることを説明する．n 個の数字のうち 2 個の数字を交換し，残り $n-2$ 個の数字は動かさない置換を**互換**という．今回の例では $n=3$ であることに注意する．

互換を複数回行って $(1,2,3)$ を $(2,3,1)$ にするためには，たとえば

$$(1,\underline{2},\underline{3}) \to (\underline{1},3,\underline{2}) \to (2,3,1)$$

のように下線部の数字を交換すればよい．つまり，$(2,3,1)$ は 2 回の互換で表現できる．数字を交換する方法は複数あるが，互換を行う回数の偶奇は一意に定まる．

偶数回の互換で表現できる置換を**偶置換**，奇数回の互換で表現できる置換を**奇置換**という．式 (3.11) では，列の添え字が偶置換の場合に符号が正，奇置換の場合に符号が負になる．列の添え字が $(2,3,1)$ の場合は偶置換なので，符号が正になる．例 3.5 では符号が正となる残り 2 つの場合について調べる．

例 3.5 $(1,2,3)$ と $(3,1,2)$ が偶置換であることを確認する．$(1,2,3)$ を $(1,2,3)$ にするためには何も交換する必要はない．よって，$(1,2,3)$ は 0 回の互換で表現できるので偶置換である．$(1,2,3)$ を $(3,1,2)$ にするには

$$(1,\underline{2},\underline{3}) \to (\underline{1},\underline{3},2) \to (3,1,2)$$

とすればよい．このように $(3,1,2)$ は 2 回の互換で表現できるので偶置換である．

例題 3.7 $(1,3,2), (2,1,3), (3,2,1)$ が奇置換であることを確認せよ．

（解答）$(1,2,3)$ を $(1,3,2), (2,1,3), (3,2,1)$ にするためには，たとえば

$$(1, \underline{2}, \underline{3}) \to (1, 3, 2), \quad (\underline{1}, \underline{2}, 3) \to (2, 1, 3), \quad (\underline{1}, 2, \underline{3}) \to (3, 2, 1)$$

のように下線部の数字を交換すればよい．どの場合も 1 回の互換で表現できるので，すべて奇置換である．∎

$n \times n$ 型行列 $A = (a_{ij})$ の**行列式**(determinant)は

$$\det A = \sum_\sigma \operatorname{sgn} \sigma \cdot a_{1\sigma(1)} a_{2\sigma(2)} \cdots a_{n\sigma(n)} \tag{3.12}$$

で定義される[4]．ただし，$\sum_\sigma$ は n 個の数字に対するすべての置換 σ に関する和を表す．また，置換 σ により $(1, 2, \ldots, n)$ が $(i_1, i_2, \ldots, i_n)$ になるとき

$$\sigma(1) = i_1, \ \sigma(2) = i_2, \ \ldots, \ \sigma(n) = i_n$$

のように表記する．n 個の数字の並べ替えは $n!$ 通りあるので，式(3.12)は $n!$ 個の項の和になる．$\operatorname{sgn} \sigma$ は置換 σ の符号である．σ が偶置換の場合は $\operatorname{sgn} \sigma = 1$，奇置換の場合は $\operatorname{sgn} \sigma = -1$ となる．

例題 3.8 式(3.12)にしたがって 3×3 型行列 $A = \begin{pmatrix} a_{11} & a_{12} & a_{13} \\ a_{21} & a_{22} & a_{23} \\ a_{31} & a_{32} & a_{33} \end{pmatrix}$ の行列式を導出せよ．

(解答)　これまでの議論により，$\det A$ には $3! = 6$ つの項があり，

- 列の添え字が $(1, 2, 3), (2, 3, 1), (3, 1, 2)$ のとき符号が正
- 列の添え字が $(1, 3, 2), (2, 1, 3), (3, 2, 1)$ のとき符号が負

であることを確認した．式(3.12)にあてはめると

$\det A$

$= a_{11}a_{22}a_{33} + a_{12}a_{23}a_{31} + a_{13}a_{21}a_{32} - a_{11}a_{23}a_{32} - a_{12}a_{21}a_{33} - a_{13}a_{22}a_{31}$

となり，式(3.11)に一致する．∎

$n \times n$ 型行列について，逆行列，階数，行列式の定義をそれぞれ 2.3 節，3.3 節，本節で紹介した．階数の計算法は 3.9 節，逆行列の計算法は補論

---

[4]　行列 A の行列式を $|A|$ と書くこともある．

A.1，行列式の計算法は補論 A.3 で説明する．

── 3.5 節のポイント ──

▷$n \times n$ 型行列 A の行列式 $\det A$ は $n!$ 個の項をもつ．

── 3.6　行列の性質と線形変換に基づく理解 ──

　行列の積は線形変換の合成と考えることができる．行列 A, B を $n \times n$ 型行列とする．n 次元ベクトル $\boldsymbol{x}$ に対して，まず行列 A による線形変換を行い，次に行列 B による線形変換を行ったとする．このとき

$$\boldsymbol{x} \xrightarrow{\text{行列 } A \text{ による線形変換}} A\boldsymbol{x} \xrightarrow{\text{行列 } B \text{ による線形変換}} B(A\boldsymbol{x}) = BA\boldsymbol{x}$$

となる．よって，行列 A による線形変換を行ったあとで行列 B による線形変換を行う変換は，積 BA に対応する．

　行列の性質を線形変換の幾何学的なイメージに基づいて理解する．以下では行列 A, B を $n \times n$ 型行列とする．

性質 1　積 AB と BA が同じであるとは限らない．

（説明）　2.2 節で紹介した行列 A_1, A_2 を利用する．$A = A_1, B = A_2$ とおくと

$$A = \begin{pmatrix} 2 & 0 \\ 0 & 3 \end{pmatrix}, \quad B = \begin{pmatrix} \dfrac{1}{2} & -\dfrac{\sqrt{3}}{2} \\ \dfrac{\sqrt{3}}{2} & \dfrac{1}{2} \end{pmatrix}$$

となる．2.2 節で述べたように，行列 A はスケーリング行列，行列 B は回転行列である．積 BA はスケーリングしてから回転する変換に対応し，積 AB は回転してからスケーリングする変換に対応する．

　図 3.4 の破線の図形は，灰色の図形を BA と AB により線形変換した結果である．左右の図で破線の図形が異なるので，$BA \neq AB$ であることが確認できる．

　実際に計算すると

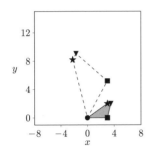 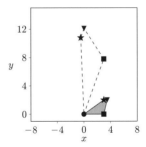

図 3.4 BA による線形変換（左）と AB による線形変換（右）.

$$BA = \begin{pmatrix} 1 & -\dfrac{3\sqrt{3}}{2} \\[2mm] \sqrt{3} & \dfrac{3}{2} \end{pmatrix}, \quad AB = \begin{pmatrix} 1 & -\sqrt{3} \\[2mm] \dfrac{3\sqrt{3}}{2} & \dfrac{3}{2} \end{pmatrix}$$

となり，確かに $BA \neq AB$ である．

すべての成分が 0 である行列

$$\begin{pmatrix} 0 & \cdots & 0 \\ \vdots & \ddots & \vdots \\ 0 & \cdots & 0 \end{pmatrix}$$

を**零行列**といい，O で表す．実数の積とは異なり，行列の積では零行列でない行列どうしを掛けて零行列になる場合がある．

性質 2 $A \neq O, B \neq O$ だが $AB = O$ となる A, B が存在する．

（説明）行列 $A = \begin{pmatrix} 1 & 0 \\ 0 & 0 \end{pmatrix}$ と $B = \begin{pmatrix} 0 & 0 \\ 0 & 1 \end{pmatrix}$ を考える．ベクトル $\begin{pmatrix} x_1 \\ x_2 \end{pmatrix}$ は行列 A による線形変換で

$$A \begin{pmatrix} x_1 \\ x_2 \end{pmatrix} = \begin{pmatrix} 1 & 0 \\ 0 & 0 \end{pmatrix} \begin{pmatrix} x_1 \\ x_2 \end{pmatrix} = \begin{pmatrix} x_1 \\ 0 \end{pmatrix}$$

に移り，行列 B による線形変換で

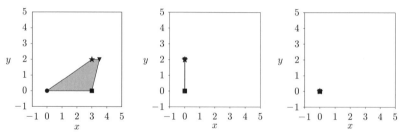

図 3.5 もとの図形(左)，行列 B による線形変換(中央)，行列 AB による線形変換(右).

$$B \begin{pmatrix} x_1 \\ x_2 \end{pmatrix} = \begin{pmatrix} 0 & 0 \\ 0 & 1 \end{pmatrix} \begin{pmatrix} x_1 \\ x_2 \end{pmatrix} = \begin{pmatrix} 0 \\ x_2 \end{pmatrix}$$

に移る．行列 A による線形変換は x 軸上への投影を表している．x 軸上への投影は，図形の上側から光が当たったときに x 軸上に図形の影ができるイメージである．同様にして，行列 B は y 軸上への投影を表している．

積 AB による線形変換では，最初にもとの図形(図 3.5 左)が行列 B によって y 軸上に投影される(図 3.5 中央)．次に行列 A によって x 軸上に投影され(図 3.5 右)，最終的には図形がすべて原点に移る．このように，$AB = O$ であることが図 3.5 からも確認できる．

実際に計算すると

$$AB = \begin{pmatrix} 1 & 0 \\ 0 & 0 \end{pmatrix} \begin{pmatrix} 0 & 0 \\ 0 & 1 \end{pmatrix} = \begin{pmatrix} 0 & 0 \\ 0 & 0 \end{pmatrix}$$

が成り立つ．

性質 3 $\det I = 1$

(説明) 単位行列 I は恒等変換に対応する．恒等変換では図形が変わらないので，体積拡大率に対応する $\det I$ は 1 になる．

性質 4 $\det AB = \det A \cdot \det B$

(説明) 積 AB は行列 B による線形変換のあとに行列 A による線形変換を行うことを意味する．よって，AB による線形変換の体積拡大率 $\det AB$ は $\det B$ と $\det A$ の積になる．

性質5　A が正則ならば，$\det A^{-1} = \dfrac{1}{\det A}$

（説明）　性質4で $B = A^{-1}$ として性質3を利用すると導かれる. ▮

性質6　A が正則ならば A^{-1} も正則であり，$(A^{-1})^{-1} = A$

（説明）　A の逆変換の逆変換は A 自身である. ▮

性質7　A, B が正則ならば，$(AB)^{-1} = B^{-1}A^{-1}$

（説明）　左辺の $(AB)^{-1}$ は，行列 B による線形変換のあとに行列 A による線形変換を行ったときの逆変換を意味する. この逆変換を行うためには，まず A の変換をもとに戻してから(つまり A^{-1} による線形変換を行ってから)B の変換をもとに戻せばよい(つまり B^{-1} による線形変換を行う). ▮

性質8　A, B, C, D が正則ならば，$(ABCD)^{-1} = D^{-1}C^{-1}B^{-1}A^{-1}$

（説明）　性質7と同様に考えることができる. ▮

性質9　A が正則ならば，$(A^k)^{-1} = (A^{-1})^k$

（説明）　性質8で $ABCD$ のかわりに A^k を考えればよい. ▮

── 3.6節のポイント ──
▷ 行列にまつわる諸公式は，行列の幾何学的なイメージから導ける.

── 3.7　ベクトルと行列のノルム ──

n 次元の縦ベクトル $\boldsymbol{v} = \begin{pmatrix} v_1 \\ v_2 \\ \vdots \\ v_n \end{pmatrix}$ について，各成分を横に並べたベクトル

$\begin{pmatrix} v_1 & v_2 & \cdots & v_n \end{pmatrix}$ をベクトル $\boldsymbol{v}$ の**転置**とよび，$\boldsymbol{v}^\top$ で表す. 同様にして，横ベクトルの転置は縦ベクトルになる.

n 次元の縦ベクトル $\boldsymbol{v}, \boldsymbol{w}$ について，ベクトル $\boldsymbol{v}, \boldsymbol{w}$ が

$$\boldsymbol{v}^\top \boldsymbol{w} = 0$$

を満たすとき，$\boldsymbol{v}$ と $\boldsymbol{w}$ は**直交**するという. 2つのベクトルの内積 $\boldsymbol{v} \cdot \boldsymbol{w}$ は

$\boldsymbol{v}^\top \boldsymbol{w}$ に一致し，

$$\boldsymbol{v} \cdot \boldsymbol{w} = \boldsymbol{v}^\top \boldsymbol{w}$$

が成り立つことを例題 2.1 で確認した．よって，$\boldsymbol{v}^\top \boldsymbol{w} = 0$ は $\boldsymbol{v}$ と $\boldsymbol{w}$ の内積が 0 であることに対応する．

例題 3.9　2 つのベクトル $\begin{pmatrix} \cos\theta \\ \sin\theta \end{pmatrix}$ と $\begin{pmatrix} -\sin\theta \\ \cos\theta \end{pmatrix}$ が直交することを確認せよ．

（解答）　いま

$$\begin{pmatrix} \cos\theta \\ \sin\theta \end{pmatrix}^\top \begin{pmatrix} -\sin\theta \\ \cos\theta \end{pmatrix} = \begin{pmatrix} \cos\theta & \sin\theta \end{pmatrix} \begin{pmatrix} -\sin\theta \\ \cos\theta \end{pmatrix}$$

$$= -\cos\theta\sin\theta + \sin\theta\cos\theta = 0$$

が成り立つので，2 つのベクトルは直交する．実際に 2 つのベクトルを平面上に図示すると，直交する様子が観察できる．　∎

n 次元の縦ベクトル $\boldsymbol{v}$ の大きさは

$$\|\boldsymbol{v}\| = \sqrt{\boldsymbol{v}^\top \boldsymbol{v}} = \sqrt{\begin{pmatrix} v_1 & v_2 & \cdots & v_n \end{pmatrix} \begin{pmatrix} v_1 \\ v_2 \\ \vdots \\ v_n \end{pmatrix}} = \sqrt{\sum_{i=1}^{n} v_i^2} \qquad (3.13)$$

により定義される．この $\|\boldsymbol{v}\|$ を $\boldsymbol{v}$ の**ノルム**とよぶ．ノルムが 1 のベクトルを**単位ベクトル**という．2 つのベクトル $\boldsymbol{v}$ と $\boldsymbol{w}$ の近さは，$\boldsymbol{v}$ と $\boldsymbol{w}$ の差のノルム $\|\boldsymbol{v} - \boldsymbol{w}\|$ により測ることができる．

例題 3.10　3 つのベクトル

$$\boldsymbol{v}_1 = \begin{pmatrix} \dfrac{1}{\sqrt{2}} \\ -\dfrac{1}{\sqrt{2}} \end{pmatrix}, \qquad \boldsymbol{v}_2 = \begin{pmatrix} \cos\theta \\ \sin\theta \end{pmatrix}, \qquad \boldsymbol{v}_3 = \begin{pmatrix} \dfrac{1}{\sqrt{14}} \\ \dfrac{2}{\sqrt{14}} \\ \dfrac{3}{\sqrt{14}} \end{pmatrix}$$

が単位ベクトルであることを確認せよ.

(解答) 3つのベクトルのノルムを計算すると

$$\|\boldsymbol{v}_1\| = \sqrt{\left(\frac{1}{\sqrt{2}}\right)^2 + \left(-\frac{1}{\sqrt{2}}\right)^2} = \sqrt{\frac{1}{2} + \frac{1}{2}} = 1$$

$$\|\boldsymbol{v}_2\| = \sqrt{\cos^2\theta + \sin^2\theta} = 1$$

$$\|\boldsymbol{v}_3\| = \sqrt{\left(\frac{1}{\sqrt{14}}\right)^2 + \left(\frac{2}{\sqrt{14}}\right)^2 + \left(\frac{3}{\sqrt{14}}\right)^2} = \sqrt{\frac{1}{14} + \frac{4}{14} + \frac{9}{14}} = 1$$

となる. よって, $\boldsymbol{v}_1, \boldsymbol{v}_2, \boldsymbol{v}_3$ は単位ベクトルである. ▮

式(3.13)をみると, ベクトルのノルムは成分の二乗和の正の平方根により定義される. 同じ方法を用いて行列のノルムを定義できる. 行列 $A = (a_{ij})$ を $m \times n$ 型行列とする. 根号の中身を行列 A の成分の二乗和に置き換えた値

$$\|A\|_{\mathrm{F}} = \sqrt{\sum_{i=1}^{m} \sum_{j=1}^{n} a_{ij}^2}$$

を, 行列 A の**フロベニウスノルム**(Frobenius norm)とよぶ.

同じ型の2つの行列 A と B の近さを測るために, 差 $A - B$ のフロベニウスノルム $\|A - B\|_{\mathrm{F}}$ がよく利用される. 第7章では, 階数の大きい行列を階数の小さい行列で近似するときにフロベニウスノルムが使われることを紹介する.

$n \times n$ 型行列 $V = \begin{pmatrix} v_{11} & v_{12} & \cdots & v_{1n} \\ v_{21} & v_{22} & \cdots & v_{2n} \\ \vdots & \vdots & \ddots & \vdots \\ v_{n1} & v_{n2} & \cdots & v_{nn} \end{pmatrix}$ を考えよう. $(1,1)$ 成分から

(n,n) 成分までの線を対角線といい, 対角線上の n 個の成分 $v_{11}, v_{22}, \ldots, v_{nn}$ を**対角成分**という. 行列 V の対角成分の和

$$\mathrm{Tr}\, V = \sum_{i=1}^{n} v_{ii}$$

を**トレース**(trace)とよぶ. $m \times n$ 型行列 A と $n \times m$ 型行列 W について

$$\mathrm{Tr}(AW) = \mathrm{Tr}(WA) \tag{3.14}$$

が成り立つ（演習 3.11（3）参照）.

式（3.14）を用いると，フロベニウスノルムとトレースの関係式

$$\|A\|_{\mathrm{F}}^2 = \mathrm{Tr}(A^\top A) \tag{3.15}$$

が導かれる（演習 3.11（4）参照）.

3.8　特殊な行列

本節では応用上重要な行列を 3 つ紹介する．準備のためにまず，転置行列を定義する．行列 $A = (a_{ij})$ を $m \times n$ 型行列とする．A の行と列を入れ替えて得られる $n \times m$ 型行列を A の**転置行列**といい，$A^\top$ で表す[5]．A の (i,j) 成分と $A^\top$ の (j,i) 成分は同じになる．行列 A と転置行列 $A^\top$ の例は

$$A = \begin{pmatrix} 1 & 2 & 3 & 4 \\ 5 & 6 & 7 & 8 \end{pmatrix}, \quad A^\top = \begin{pmatrix} 1 & 5 \\ 2 & 6 \\ 3 & 7 \\ 4 & 8 \end{pmatrix}$$

のようになる.

転置行列の重要な性質は

$$(A^\top)^\top = A, \quad (AB)^\top = B^\top A^\top \tag{3.16}$$

である．2 つ目の性質は成分計算により導ける（演習 3.11（1）参照）．さらに，$(AB)^\top = B^\top A^\top$ を利用することで

$$(ABC)^\top = C^\top B^\top A^\top \tag{3.17}$$

も簡単に証明できる（演習 3.11（2）参照）．また，$n \times n$ 型行列 A について

---

5)　行列 A の転置行列を $^t A$ と書くことも多い.

$\det(A^\top) = \det A$ が成り立つ.

$n \times n$ 型行列 $A = (a_{ij})$ について, 転置行列 $A^\top$ と A 自身が次の関係にあるとき, 行列 A には名前がついている.

- $A^\top = A$ が成り立つとき, A を**対称行列**とよぶ. 対称行列では $a_{ij} = a_{ji}$ が成り立つ.

- $A^\top = -A$ が成り立つとき, A を**反対称行列**(または**歪対称行列**)とよぶ. 反対称行列では $a_{ij} = -a_{ji}$ が成り立つ. $i = j$ の場合を考えると $a_{ii} = -a_{ii}$ となるので, $a_{ii} = 0$ になる.

- $A^\top = A^{-1}$ が成り立つとき, A を**直交行列**とよぶ.

対称行列は第 4 章で扱う. 直交行列は応用上非常に重要な行列であり, 本書でも第 4 章以降にたびたび現れる.

逆行列をコンピュータで計算するときには常に数値誤差の問題がともない, 計算に時間がかかる. 一方, 直交行列の逆行列を求めるためには転置行列を書けばよいため数値誤差は生じず, 面倒な計算をする必要もない. これが, 直交行列が工学的に重要な役割を果たす大きな理由のひとつである.

例題 3.11 2 次元の回転行列 $Z = \begin{pmatrix} \cos\theta & -\sin\theta \\ \sin\theta & \cos\theta \end{pmatrix}$ が直交行列であることを証明せよ.

(解答) いま

$$ZZ^\top = \begin{pmatrix} \cos\theta & -\sin\theta \\ \sin\theta & \cos\theta \end{pmatrix} \begin{pmatrix} \cos\theta & \sin\theta \\ -\sin\theta & \cos\theta \end{pmatrix} = \begin{pmatrix} 1 & 0 \\ 0 & 1 \end{pmatrix}$$

が成り立つ. よって, $Z^\top = Z^{-1}$ であるため, Z は直交行列である.

直交行列の基本的な性質を以下にまとめる.

性質 1 直交行列 Q について

$$QQ^\top = Q^\top Q = I \tag{3.18}$$

が成り立つ.

性質 2 直交行列の各列ベクトルは単位ベクトルであり, 列ベクトルどうしは

直交する.

性質3　$n \times n$ 型の直交行列 Q と n 次元ベクトル $\boldsymbol{x}, \boldsymbol{y}$ について

$$\|Q\boldsymbol{x}\| = \|\boldsymbol{x}\|, \quad (Q\boldsymbol{x}) \cdot (Q\boldsymbol{y}) = \boldsymbol{x} \cdot \boldsymbol{y} \tag{3.19}$$

が成り立つ. これは, 直交行列による線形変換がノルムと内積を保存することを意味する.

性質4　行列 P を $m \times m$ 型の直交行列, 行列 Q を $n \times n$ 型の直交行列とすると, 任意の $m \times n$ 型行列 A に対して

$$\|PAQ\|_{\mathrm{F}} = \|A\|_{\mathrm{F}} \tag{3.20}$$

が成り立つ. これは, 直交行列による変換がフロベニウスノルムを保存することを意味する.

これら4つの性質をひとつずつみていこう. 直交行列の定義より $Q^\top = Q^{-1}$ である. これを逆行列の定義式(2.12)に代入すると性質1を得る.

次に性質2について議論しよう. 簡単のため, 2×2 型の直交行列 $Q = (q_{ij})$ について考える. 式(3.18)より $Q^\top Q = I$ なので

$$\left(\begin{array}{cc} q_{11} & q_{21} \\ \hline q_{12} & q_{22} \end{array} \right) \left(\begin{array}{c|c} q_{11} & q_{12} \\ q_{21} & q_{22} \end{array} \right) = \begin{pmatrix} 1 & 0 \\ 0 & 1 \end{pmatrix}$$

となる. ここで $\boldsymbol{q}_1 = \begin{pmatrix} q_{11} \\ q_{21} \end{pmatrix}, \boldsymbol{q}_2 = \begin{pmatrix} q_{12} \\ q_{22} \end{pmatrix}$ とおくと

$$\begin{pmatrix} \boldsymbol{q}_1^\top \\ \boldsymbol{q}_2^\top \end{pmatrix} \begin{pmatrix} \boldsymbol{q}_1 & \boldsymbol{q}_2 \end{pmatrix} = \begin{pmatrix} 1 & 0 \\ 0 & 1 \end{pmatrix}$$

と書き直せる. これを計算すると

$$\begin{pmatrix} \boldsymbol{q}_1^\top \boldsymbol{q}_1 & \boldsymbol{q}_1^\top \boldsymbol{q}_2 \\ \boldsymbol{q}_2^\top \boldsymbol{q}_1 & \boldsymbol{q}_2^\top \boldsymbol{q}_2 \end{pmatrix} = \begin{pmatrix} 1 & 0 \\ 0 & 1 \end{pmatrix}$$

となり, 成分ごとに比較して

$$\boldsymbol{q}_1^\top \boldsymbol{q}_1 = 1, \quad \boldsymbol{q}_1^\top \boldsymbol{q}_2 = 0, \quad \boldsymbol{q}_2^\top \boldsymbol{q}_1 = 0, \quad \boldsymbol{q}_2^\top \boldsymbol{q}_2 = 1$$

$$\Longleftrightarrow \|\boldsymbol{q}_1\|^2 = 1, \quad \|\boldsymbol{q}_2\|^2 = 1, \quad \boldsymbol{q}_1^\top \boldsymbol{q}_2 = 0$$

を得る．よって，$\boldsymbol{q}_1$ と $\boldsymbol{q}_2$ は単位ベクトルであり，2 つのベクトル $\boldsymbol{q}_1$ と $\boldsymbol{q}_2$ は直交する．同様にして，$n \times n$ 型の直交行列 Q では各列ベクトルが単位ベクトルであり，列ベクトルどうしが直交する（性質 2）．

例題 3.11 でみたように，2 次元の回転行列 $\begin{pmatrix} \cos\theta & -\sin\theta \\ \sin\theta & \cos\theta \end{pmatrix}$ は直交行列であった．例題 3.9 と例題 3.10 から，回転行列の各列ベクトルは単位ベクトルであり，列ベクトルどうしは直交することも確認できる．

性質 3 の式 (3.19) は簡単に証明できる．転置行列の性質 (3.16) と直交行列の性質 (3.18) から

$$(Q\boldsymbol{x}) \cdot (Q\boldsymbol{y}) = (Q\boldsymbol{x})^\top (Q\boldsymbol{y}) = \boldsymbol{x}^\top Q^\top Q\boldsymbol{y} = \boldsymbol{x}^\top \boldsymbol{y} = \boldsymbol{x} \cdot \boldsymbol{y}$$

が成り立つ．よって第 2 式が示される．第 2 式で $\boldsymbol{y} = \boldsymbol{x}$ とすると $\|Q\boldsymbol{x}\|^2 = \|\boldsymbol{x}\|^2$ となり，第 1 式を得る．

最後に，性質 4 の式 (3.20) は

$$\|PAQ\|_\mathrm{F}^2 \overset{(3.15)}{=} \mathrm{Tr}((PAQ)^\top PAQ) \overset{(3.17)}{=} \mathrm{Tr}(Q^\top A^\top P^\top PAQ)$$

$$\overset{(3.18)}{=} \mathrm{Tr}(Q^\top A^\top AQ) = \mathrm{Tr}((Q^\top A^\top A)Q)$$

$$\overset{(3.14)}{=} \mathrm{Tr}(Q(Q^\top A^\top A)) \overset{(3.18)}{=} \mathrm{Tr}(A^\top A) \overset{(3.15)}{=} \|A\|_\mathrm{F}^2$$

により証明できる．

3.9 階数の計算

3.3 節で述べたように，行列 V の階数は V の線形独立な列ベクトルの最大本数，または，線形独立な行ベクトルの最大本数として定義される．まずはこの定義に基づいて，次の例題 3.12 と例題 3.13 を解いてみよう．

例題 3.12 5 つの行列

$$A = \begin{pmatrix} 0 & 0 & 0 & 0 \\ 0 & 0 & 0 & 0 \\ 0 & 0 & 0 & 0 \\ 0 & 0 & 0 & 0 \end{pmatrix}, \quad B = \begin{pmatrix} 1 & 1 & 1 & 1 \\ 1 & 1 & 1 & 1 \\ 1 & 1 & 1 & 1 \\ 1 & 1 & 1 & 1 \end{pmatrix},$$

$$C = \begin{pmatrix} 1 & 0 & 0 \\ 0 & 1 & 0 \\ 0 & 0 & 1 \end{pmatrix}, \quad D = \begin{pmatrix} 1 & 0 & 0 & 0 \\ 0 & 1 & 0 & 0 \\ 0 & 0 & 0 & 0 \\ 0 & 0 & 0 & 0 \end{pmatrix}, \quad E = \begin{pmatrix} 1 & 0 & 0 & 0 \\ 0 & 1 & 0 & 0 \\ 0 & 0 & 0 & 0 \end{pmatrix}$$

の階数を答えよ.

（解答）　行列 A の列ベクトルはすべて零ベクトルである. 零ベクトルは線形従属なので, $\mathrm{rank}\, A = 0$ である. 行列 B の列ベクトルはすべて同じなので, 線形独立な列ベクトルの最大本数は 1 である. よって $\mathrm{rank}\, B = 1$ である.

　行列 C の 3 つの列ベクトルは線形独立なので, $\mathrm{rank}\, C = 3$ である. 行列 D では 1 つ目と 2 つ目の列ベクトルが線形独立で残りは零ベクトルなので, $\mathrm{rank}\, D = 2$ である. 同様にして, $\mathrm{rank}\, E = 2$ である.

　行列 B, D の列ベクトルの線形従属性と行列 C の列ベクトルの線形独立性については演習 3.3 を参照してほしい.　　　　　　　　　　　　　　　▮

例題 3.13 4 つの行列

$$F_1 = \begin{pmatrix} 0 & 0 \\ 1 & 2 \\ 4 & 8 \\ 0 & 0 \end{pmatrix}, \quad F_2 = \begin{pmatrix} 0 & 1 & 4 & 0 \\ 0 & 2 & 8 & 0 \end{pmatrix},$$

$$G_1 = \begin{pmatrix} 1 & 1 & 0 & 0 & 0 \\ 1 & 1 & 0 & 0 & 0 \\ 1 & 1 & 1 & 0 & 0 \\ 1 & 1 & 0 & 1 & 0 \\ 1 & 1 & 0 & 0 & 1 \end{pmatrix}, \quad G_2 = \begin{pmatrix} 1 & 1 & 1 & 1 & 1 \\ 1 & 1 & 1 & 1 & 1 \\ 0 & 0 & 1 & 0 & 0 \\ 0 & 0 & 0 & 1 & 0 \\ 0 & 0 & 0 & 0 & 1 \end{pmatrix}$$

の階数を答えよ.

(解答) 行列 F_2 は行列 F_1 の転置行列であり,行列 G_2 は行列 G_1 の転置行列であることに注意する.

行列 F_1 の2つ目の列ベクトルは1つ目の列ベクトルの2倍である.よって,この2つのベクトルは線形従属なので,$\mathrm{rank}\, F_1 = 1$ である.行列 F_2 では行ベクトルに着目すると,2つ目の行ベクトルは1つ目の行ベクトルの2倍である.したがって $\mathrm{rank}\, F_2 = 1$ である.

行列 G_1 では1つ目と2つ目の列ベクトルが同じであり,1つ目以外の4つのベクトルが線形独立である.よって $\mathrm{rank}\, G_1 = 4$ である.行列 G_2 の行ベクトルは行列 G_1 の列ベクトルに対応するため,$\mathrm{rank}\, G_2 = \mathrm{rank}\, G_1 = 4$ である.

∎

例題 3.12 と例題 3.13 の行列では,ベクトルが線形独立であるか否かを判断しやすい.特に,行列 C, D, E のように単位行列を左上に含み,その他の成分がすべて 0 である行列

$$\begin{pmatrix} 1 & & & 0 & \cdots & 0 \\ & \ddots & & \vdots & & \vdots \\ & & 1 & 0 & \cdots & 0 \\ \hline 0 & \cdots & 0 & 0 & \cdots & 0 \\ \vdots & & \vdots & \vdots & & \vdots \\ 0 & \cdots & 0 & 0 & \cdots & 0 \end{pmatrix} \tag{3.21}$$

の階数は対角成分の 1 の個数に一致する.

多くの行列ではベクトルの線形独立性を目で見て判断することは難しい.そのような行列に対しては,行列を式(3.21)の形に変形して階数を計算する.このとき以下の操作を用いると,階数をもとの行列と同じに保ったまま式(3.21)の形に変形できる.

行基本変形

(行変形 1) 2つの行を入れ替える.

(行変形 2) ある行に 0 以外の定数を掛ける.

（行変形3）　ある行の定数倍を他の行に加える.

列基本変形

（列変形1）　2つの列を入れ替える.

（列変形2）　ある列に0以外の定数を掛ける.

（列変形3）　ある列の定数倍を他の列に加える.

　列基本変形によって階数が変わらないことを確認しよう. 3.3節で述べたように, 行列の階数は線形独立な列ベクトルの最大本数として定義される. したがって, 列変形1と列変形2で階数が変わらないことはすぐにわかる. 列変形3については演習3.8で扱う. 行列の階数は線形独立な行ベクトルの最大本数としても定義できるので, 行基本変形によっても階数は変わらない.

　行列 A に行基本変形と列基本変形を繰り返して式(3.21)の形の行列が得られたとき, この行列を A の**階数標準形**とよぶ. 階数標準形は与えられた行列 A によって一意に定まり, 階数標準形にするまでの計算過程に依存しない.

　例3.6　行列 $\begin{pmatrix} 2 & 4 \\ 3 & -2 \end{pmatrix}$ に行基本変形と列基本変形を繰り返すことで, 式(3.21)の形に変形しよう. 変形の方法は複数あるが, たとえば

$$\begin{pmatrix} 2 & 4 \\ 3 & -2 \end{pmatrix} \xrightarrow[\text{行変形 2}]{\text{1 行目に } \frac{1}{2} \text{ を掛ける}} \begin{pmatrix} 1 & 2 \\ 3 & -2 \end{pmatrix} \xrightarrow[\text{行変形 3}]{\text{1 行目の } -3 \text{ 倍を 2 行目に加える}} \begin{pmatrix} 1 & 2 \\ 0 & -8 \end{pmatrix}$$

$$\xrightarrow[\text{行変形 2}]{\text{2 行目に } -\frac{1}{8} \text{ を掛ける}} \begin{pmatrix} 1 & 2 \\ 0 & 1 \end{pmatrix} \xrightarrow[\text{行変形 3}]{\text{2 行目の } -2 \text{ 倍を 1 行目に加える}} \begin{pmatrix} 1 & 0 \\ 0 & 1 \end{pmatrix}$$

とできる. 対角成分の1の個数を数えると, 行列 $\begin{pmatrix} 2 & 4 \\ 3 & -2 \end{pmatrix}$ の階数が2であることがわかる.

　例題3.14　行列 $\begin{pmatrix} 0.4 & 0.4 & 0.5 \\ 0.25 & 0.3 & 0.25 \\ 0.3 & 0.2 & 0 \end{pmatrix}$ の階数を計算せよ.

（解答）　行基本変形と列基本変形により

$$
\begin{pmatrix} 0.4 & 0.4 & 0.5 \\ 0.25 & 0.3 & 0.25 \\ 0.3 & 0.2 & 0 \end{pmatrix}
\xrightarrow[\text{列変形 1}]{\substack{\text{1 列目と 3 列目を} \\ \text{入れ替える}}}
\begin{pmatrix} 0.5 & 0.4 & 0.4 \\ 0.25 & 0.3 & 0.25 \\ 0 & 0.2 & 0.3 \end{pmatrix}
\xrightarrow[\text{列変形 2}]{\text{1 列目に 2 を掛ける}}
$$

$$
\begin{pmatrix} 1 & 0.4 & 0.4 \\ 0.5 & 0.3 & 0.25 \\ 0 & 0.2 & 0.3 \end{pmatrix}
\xrightarrow[\text{列変形 3}]{\substack{\text{1 列目の} -0.4 \text{ 倍を} \\ \text{2 列目に加える}}}
\begin{pmatrix} 1 & 0 & 0.4 \\ 0.5 & 0.1 & 0.25 \\ 0 & 0.2 & 0.3 \end{pmatrix}
\xrightarrow[\text{列変形 3}]{\substack{\text{1 列目の} -0.4 \text{ 倍を} \\ \text{3 列目に加える}}}
$$

$$
\begin{pmatrix} 1 & 0 & 0 \\ 0.5 & 0.1 & 0.05 \\ 0 & 0.2 & 0.3 \end{pmatrix}
\xrightarrow[\text{行変形 3}]{\substack{\text{1 行目の} -0.5 \text{ 倍を} \\ \text{2 行目に加える}}}
\begin{pmatrix} 1 & 0 & 0 \\ 0 & 0.1 & 0.05 \\ 0 & 0.2 & 0.3 \end{pmatrix}
\xrightarrow[\text{列変形 2}]{\text{2 列目に 10 を掛ける}}
$$

$$
\begin{pmatrix} 1 & 0 & 0 \\ 0 & 1 & 0.05 \\ 0 & 2 & 0.3 \end{pmatrix}
\xrightarrow[\text{列変形 3}]{\substack{\text{2 列目の} -0.05 \text{ 倍を} \\ \text{3 列目に加える}}}
\begin{pmatrix} 1 & 0 & 0 \\ 0 & 1 & 0 \\ 0 & 2 & 0.2 \end{pmatrix}
\xrightarrow[\text{列変形 2}]{\text{3 列目に 5 を掛ける}}
$$

$$
\begin{pmatrix} 1 & 0 & 0 \\ 0 & 1 & 0 \\ 0 & 2 & 1 \end{pmatrix}
\xrightarrow[\text{列変形 3}]{\substack{\text{3 列目の} -2 \text{ 倍を} \\ \text{2 列目に加える}}}
\begin{pmatrix} 1 & 0 & 0 \\ 0 & 1 & 0 \\ 0 & 0 & 1 \end{pmatrix}
$$

と変形できる．よって階数は 3 である．　　∎

例題 3.15　行列 $\begin{pmatrix} 0.4 & 0.4 & 0.5 \\ 0.25 & 0.3 & 0.5 \\ 0.3 & 0.2 & 0 \end{pmatrix}$ の階数を計算せよ．

（解答）　行基本変形と列基本変形により

$$
\begin{pmatrix} 0.4 & 0.4 & 0.5 \\ 0.25 & 0.3 & 0.5 \\ 0.3 & 0.2 & 0 \end{pmatrix}
\xrightarrow[\text{列変形 1}]{\text{1 列目と 3 列目を入れ替える}}
\begin{pmatrix} 0.5 & 0.4 & 0.4 \\ 0.5 & 0.3 & 0.25 \\ 0 & 0.2 & 0.3 \end{pmatrix}
\xrightarrow[\text{列変形 2}]{\text{1 列目に 2 を掛ける}}
$$

$$
\begin{pmatrix} 1 & 0.4 & 0.4 \\ 1 & 0.3 & 0.25 \\ 0 & 0.2 & 0.3 \end{pmatrix}
\xrightarrow[\text{列変形 3}]{\substack{\text{1 列目の} -0.4 \text{ 倍を} \\ \text{2 列目に加える}}}
\begin{pmatrix} 1 & 0 & 0.4 \\ 1 & -0.1 & 0.25 \\ 0 & 0.2 & 0.3 \end{pmatrix}
\xrightarrow[\text{列変形 3}]{\substack{\text{1 列目の} -0.4 \text{ 倍を} \\ \text{3 列目に加える}}}
$$

$$\begin{pmatrix} 1 & 0 & 0 \\ 1 & -0.1 & -0.15 \\ 0 & 0.2 & 0.3 \end{pmatrix} \xrightarrow[\text{行変形 3}]{\substack{1\text{ 行目の } -1\text{ 倍を}\\2\text{ 行目に加える}}} \begin{pmatrix} 1 & 0 & 0 \\ 0 & -0.1 & -0.15 \\ 0 & 0.2 & 0.3 \end{pmatrix} \xrightarrow[\text{列変形 2}]{2\text{ 列目に }-10\text{ を掛ける}}$$

$$\begin{pmatrix} 1 & 0 & 0 \\ 0 & 1 & -0.15 \\ 0 & -2 & 0.3 \end{pmatrix} \xrightarrow[\text{列変形 3}]{\substack{2\text{ 列目の } 0.15\text{ 倍を}\\3\text{ 列目に加える}}} \begin{pmatrix} 1 & 0 & 0 \\ 0 & 1 & 0 \\ 0 & -2 & 0 \end{pmatrix} \xrightarrow[\text{行変形 3}]{\substack{2\text{ 行目の } 2\text{ 倍を}\\3\text{ 行目に加える}}} \begin{pmatrix} 1 & 0 & 0 \\ 0 & 1 & 0 \\ 0 & 0 & 0 \end{pmatrix}$$

と変形できる．よって階数は 2 である． ∎

コラム ベクトル空間

空でない集合 V が次の 2 つの条件を満たすとき，V を $\mathbb{R}$ 上の**ベクトル空間**または**線形空間**とよぶ．

(1) 任意の $v, w \in V$ について，$v + w \in V$ が成り立つ．

(2) 任意の $v \in V$ と任意のスカラー k について，$kv \in V$ が成り立つ．

(1)は V の要素の和が V に含まれることを意味し，(2)は V の要素のスカラー倍が V に含まれることを意味する．

$m \times n$ 型行列 A を用いて $V = \{Ax \mid x \in \mathbb{R}^n\}$ と定義する．このとき V がベクトル空間になることを証明しよう．任意の $v, w \in V$ について，$v = Ax$，$w = Ax'$ となる $x, x' \in \mathbb{R}^n$ が存在する．いま $v + w = Ax + Ax' = A(x + x')$ であり，k を任意のスカラーとすると $kv = k(Ax) = A(kx)$ となるので，$v + w \in V, kv \in V$ が得られる．

ベクトル空間の和とスカラー倍は，本書で扱うもの以外にも広く定義される．以下に例を挙げる．

行列を要素とする集合 2×3 型行列の全体からなる集合はベクトル空間である．和とスカラー倍は，行列の和とスカラー倍により定義される．

写像を要素とする集合 集合 D から $\mathbb{R}$ への写像全体の集合はベクトル空間である．和とスカラー倍は $(f+g)(x) = f(x) + g(x)$，$(kf)(x) = kf(x)$ により定義される．

数列を要素とする集合 実数列の全体はベクトル空間である. 和とスカラー倍は $\{a_n\}+\{b_n\}=\{a_n+b_n\}$, $k\{a_n\}=\{ka_n\}$ により定義される.

実際には, ベクトル空間は「体」とよばれる集合上で定義される. 体は加減乗除の演算が定義された集合であり, 実数の集合 $\mathbb{R}$ を一般化した概念である.

3.10 演習問題

演習 3.1 A, B, C を 2×2 型行列とする. このとき以下の問いに答えよ.

(1) $\det(A+B)=\det A+\det B$ が成立しない例を示せ.

(2) $\operatorname{rank} A+\operatorname{rank} B \leq \operatorname{rank}(A+B)$ が成立しない例を示せ.

(3) $\operatorname{rank}\begin{pmatrix} A & C \\ O & B \end{pmatrix}=\operatorname{rank} A+\operatorname{rank} B$ が成立しない例を示せ. ただし, O は 2×2 型の零行列である. 行列 $\begin{pmatrix} A & C \\ O & B \end{pmatrix}$ は, 2×2 型行列 A, B, C, O を並べてできる 4×4 型行列である.

演習 3.2 行列式について以下の問いに答えよ.

(1) $A=\begin{pmatrix} 1 & 2 \\ 3 & 4 \end{pmatrix}$ と $B=\begin{pmatrix} 3 & 6 \\ 9 & 12 \end{pmatrix}$ について, 行列式 $\det A$ と $\det B$ を計算せよ.

(2) $n \times n$ 型行列 A と実数 c について, $\det(cA)$ を $\det A, c, n$ を用いて表せ.

(1)は $n=2$, $c=3$ の場合の例であり $B=cA$ であることに注意せよ.

演習 3.3 3.2 節で述べた線形独立の定義に基づいて以下の問いに答えよ.

(1) 2つのベクトル $\begin{pmatrix} 1 \\ 1 \\ 1 \\ 1 \end{pmatrix}$, $\begin{pmatrix} 1 \\ 1 \\ 1 \\ 1 \end{pmatrix}$ が線形従属であることを証明せよ.

(2) 3つのベクトル $\begin{pmatrix} 1 \\ 0 \\ 0 \\ 0 \end{pmatrix}$, $\begin{pmatrix} 0 \\ 1 \\ 0 \\ 0 \end{pmatrix}$, $\begin{pmatrix} 0 \\ 0 \\ 0 \\ 0 \end{pmatrix}$ が線形従属であることを証明せよ.

(3) 3つのベクトル $\begin{pmatrix} 1 \\ 0 \\ 0 \end{pmatrix}$, $\begin{pmatrix} 0 \\ 1 \\ 0 \end{pmatrix}$, $\begin{pmatrix} 0 \\ 0 \\ 1 \end{pmatrix}$ が線形独立であることを証明せよ.

演習 3.4　xy 平面上の線形変換について以下の問いに答えよ.

(1) x 軸方向に 4 倍拡大し, y 軸方向に 0.5 倍縮小するスケーリング行列 A を答えよ.

(2) 反時計回りに 45 度回転する回転行列 B を答えよ.

(3) ベクトル $\boldsymbol{v} = \begin{pmatrix} 4 \\ 2 \end{pmatrix}$ を (1) の行列 A で拡大・縮小してから (2) の行列 B で回転したときの移動後のベクトルを計算せよ.

(4) (3) の線形変換をひとつの行列 P で表現したい. P を計算せよ.

(5) スケーリング行列 A と回転行列 B の逆行列をそれぞれ答えよ.

(6) 行列 P の逆行列 P^{-1} を計算せよ.

(7) (3) で計算したベクトルに左から P^{-1} を掛けるともとのベクトル $\boldsymbol{v}$ に戻ることを確認せよ.

演習 3.5　原点を通る直線 ℓ を軸として, 2 次元平面上の図形を裏返す操作について考える. このような操作は**鏡映**とよばれる. 直線 ℓ に垂直な単位ベクトルを $\boldsymbol{n} = \begin{pmatrix} n_x \\ n_y \end{pmatrix}$ とすると, 鏡映行列 R は

$$R = \begin{pmatrix} 1 - 2n_x^2 & -2n_x n_y \\ -2n_x n_y & 1 - 2n_y^2 \end{pmatrix}$$

で与えられる. この操作によってベクトル $\boldsymbol{v}$ はベクトル $R\boldsymbol{v}$ に移動する. xy 平面上の図形を, 直線 $y = -3x$ を軸として裏返す鏡映行列を答えよ.

演習 3.6　演習 3.5 の鏡映行列を導出しよう. 点 P に対して直線 ℓ を軸とする鏡映を考える. 直線 ℓ に垂直な単位ベクトル $\boldsymbol{n} = \begin{pmatrix} n_x \\ n_y \end{pmatrix}$ と x 軸のなす角を θ とする. 図 3.6 に示すように, この鏡映は, まず点 P を $-\theta$ だけ回転し (点 P は点 P′ に移動), 次に y 軸に対する鏡映を行ったあと (点 P″ に移動), 最後に θ だけ回転する操作に対応する (点 P‴ に移動). 鏡映行列 $R = \begin{pmatrix} 1 - 2n_x^2 & -2n_x n_y \\ -2n_x n_y & 1 - 2n_y^2 \end{pmatrix}$ を以下の手順で導け.

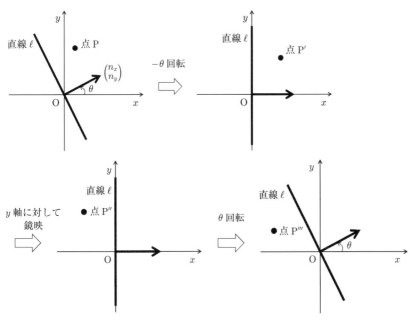

図 3.6 直線 ℓ を軸とする鏡映.

(1) $\cos\theta$ と $\sin\theta$ を n_x と n_y を用いて表せ.

(2) y 軸に対する鏡映を行うと, 点 $\begin{pmatrix} p \\ q \end{pmatrix}$ は点 $\begin{pmatrix} -p \\ q \end{pmatrix}$ に移動する. この線形変換を表す行列を答えよ.

(3) 図 3.6 に示した変換をひとつの行列 R で表せ. θ を用いること.

(4) (1) の結果を用いて行列 $R = \begin{pmatrix} 1-2n_x^2 & -2n_x n_y \\ -2n_x n_y & 1-2n_y^2 \end{pmatrix}$ となることを示せ.

演習 3.7 演習 3.5 の鏡映行列 $R = \begin{pmatrix} 1-2n_x^2 & -2n_x n_y \\ -2n_x n_y & 1-2n_y^2 \end{pmatrix}$ について以下の問いに答えよ. $\boldsymbol{n} = \begin{pmatrix} n_x \\ n_y \end{pmatrix}$ が単位ベクトルであることに注意すること.

(1) $\det R$ を計算せよ. さらに, $\det R$ が何を意味しているかを答えよ.

(2) 行列 R の逆行列を答えよ. 鏡映の操作の意味を考えれば計算は不要である.

(3) (2) で答えた行列が R の逆行列であることを, 逆行列の定義を用いて証明せよ.

（4）行列 R が直交行列であることを証明せよ.

演習 3.8　n 本のベクトル $a_1, a_2, a_3, \ldots, a_n$ が線形独立ならば，n 本のベクトル $a_1 + k a_2, a_2, a_3, \ldots, a_n$ も線形独立であることを証明せよ. ただし k はスカラーとする.

演習 3.9　直交行列について以下の問いに答えよ. 3.8 節で述べた直交行列の性質 1 を用いること.

（1）直交行列の行列式が $+1$ または -1 であることを証明せよ.

（2）直交行列の積が直交行列であることを証明せよ.

演習 3.10　n 次元の縦ベクトル v, w について，行列 $v w^\top$ の階数が 0 または 1 であることを証明せよ.

演習 3.11　A を $m \times n$ 型行列，B を $n \times l$ 型行列，C を $l \times h$ 型行列，W を $n \times m$ 型行列とする. このとき以下を証明せよ.

（1）$(AB)^\top = B^\top A^\top$

（2）$(ABC)^\top = C^\top B^\top A^\top$

（3）$\mathrm{Tr}(AW) = \mathrm{Tr}(WA)$

（4）$\|A\|_\mathrm{F}^2 = \mathrm{Tr}(A^\top A)$

行列の対角化と都市の人口予測への応用

4

本章では将来の人口を予測する問題を例として，線形代数において非常に重要な役割を果たす対角化，固有値，固有ベクトルについて学ぶ．固有値と固有ベクトルは第 6 章以降にも頻繁に現れる．

4.1 行列による表現

問題 4.1 を行列を使って解いてみよう．

問題 4.1　ある年の A 市，B 市，C 市の人口はそれぞれ 4 万人，3 万人，1 万人であった．この 3 つの市では，毎年以下のような人口の流出と流入がある．

- A 市では 50% が A 市に留まり，20% が B 市に，30% が C 市に引っ越す．
- B 市では 60% が B 市に留まり，30% が A 市に，10% が C 市に引っ越す．
- C 市では 80% が C 市に留まり，20% が B 市に引っ越す．

A 市，B 市，C 市の人口は将来どのようになるだろうか．ただし，A 市，B 市，C 市には上記以外の人口の増減(3 市以外からの流入・流出

や出産・死亡など)がないものとする.

k 年後の A 市, B 市, C 市の人口をそれぞれ a_k, b_k, c_k とする. 問題 4.1 で述べた人口の流入出規則では, $k+1$ 年後の人口 $a_{k+1}, b_{k+1}, c_{k+1}$ が k 年後の人口 a_k, b_k, c_k から決まる. たとえば, k 年後の A 市の人口 a_k の 50% である $0.5a_k$ と B 市から引っ越してくる人数 $0.3b_k$ の和が, $k+1$ 年後の A 市の人口 a_{k+1} になる. よって

$$a_{k+1} = 0.5a_k + 0.3b_k$$

と書ける. $k+1$ 年後の B 市と C 市の人口についても同様に考えると

$$b_{k+1} = 0.2a_k + 0.6b_k + 0.2c_k$$

$$c_{k+1} = 0.3a_k + 0.1b_k + 0.8c_k$$

となる.

k 年後の A 市, B 市, C 市の人口を縦に並べたベクトル $\begin{pmatrix} a_k \\ b_k \\ c_k \end{pmatrix}$ を使うと, 上の式は行列を用いて

$$\begin{pmatrix} a_{k+1} \\ b_{k+1} \\ c_{k+1} \end{pmatrix} = \begin{pmatrix} 0.5 & 0.3 & 0 \\ 0.2 & 0.6 & 0.2 \\ 0.3 & 0.1 & 0.8 \end{pmatrix} \begin{pmatrix} a_k \\ b_k \\ c_k \end{pmatrix} \tag{4.1}$$

のように表現できる.

$k=0$ のとき A 市, B 市, C 市の人口はそれぞれ 4 万人, 3 万人, 1 万人なので

$$\begin{pmatrix} a_0 \\ b_0 \\ c_0 \end{pmatrix} = \begin{pmatrix} 40000 \\ 30000 \\ 10000 \end{pmatrix}$$

となる. 式(4.1)に $k=0$ を代入すると

$$\begin{pmatrix} a_1 \\ b_1 \\ c_1 \end{pmatrix} = \begin{pmatrix} 0.5 & 0.3 & 0 \\ 0.2 & 0.6 & 0.2 \\ 0.3 & 0.1 & 0.8 \end{pmatrix} \begin{pmatrix} a_0 \\ b_0 \\ c_0 \end{pmatrix} = \begin{pmatrix} 0.5 & 0.3 & 0 \\ 0.2 & 0.6 & 0.2 \\ 0.3 & 0.1 & 0.8 \end{pmatrix} \begin{pmatrix} 40000 \\ 30000 \\ 10000 \end{pmatrix} = \begin{pmatrix} 29000 \\ 28000 \\ 23000 \end{pmatrix}$$

となり，$k=1$ のときの人口を計算できる．

例題 4.1 $k=2$ のときの A 市，B 市，C 市の人口 a_2, b_2, c_2 を計算せよ．

（解答）　式(4.1)に $k=1$ を代入すると

$$\begin{pmatrix} a_2 \\ b_2 \\ c_2 \end{pmatrix} = \begin{pmatrix} 0.5 & 0.3 & 0 \\ 0.2 & 0.6 & 0.2 \\ 0.3 & 0.1 & 0.8 \end{pmatrix} \begin{pmatrix} a_1 \\ b_1 \\ c_1 \end{pmatrix} = \begin{pmatrix} 0.5 & 0.3 & 0 \\ 0.2 & 0.6 & 0.2 \\ 0.3 & 0.1 & 0.8 \end{pmatrix} \begin{pmatrix} 29000 \\ 28000 \\ 23000 \end{pmatrix} = \begin{pmatrix} 22900 \\ 27200 \\ 29900 \end{pmatrix}$$

となる．

　同様にして，$k=3, 4, 5$ の場合について計算すると

$$\begin{pmatrix} a_3 \\ b_3 \\ c_3 \end{pmatrix} = \begin{pmatrix} 19610 \\ 26880 \\ 33510 \end{pmatrix}, \quad \begin{pmatrix} a_4 \\ b_4 \\ c_4 \end{pmatrix} = \begin{pmatrix} 17869 \\ 26752 \\ 35379 \end{pmatrix}, \quad \begin{pmatrix} a_5 \\ b_5 \\ c_5 \end{pmatrix} = \begin{pmatrix} 16960 \\ 26701 \\ 36339 \end{pmatrix}$$

となり，人口がどのように変化するか調べることができる．この計算では人口が小数になるが，小数点以下は四捨五入している．さらに計算していくと $k=20$ のときに

$$\begin{pmatrix} a_{20} \\ b_{20} \\ c_{20} \end{pmatrix} = \begin{pmatrix} 16000 \\ 26667 \\ 37333 \end{pmatrix}$$

となり，これ以降は人口が変化しない．その理由は例題 4.5 で説明する．

　人口のベクトルを 3 次元空間中の点に対応させてみよう．このとき，人口の推移は 3 次元空間中の点の移動と考えることができる．図 4.1 は，問題 4.1 の人口が推移する様子を表している．

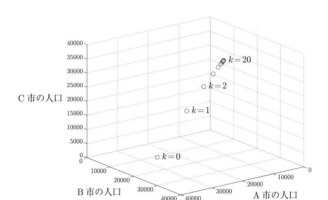

図 4.1 A 市, B 市, C 市の人口の推移.

ベクトル $\boldsymbol{x}_k$ と行列 M を

$$\boldsymbol{x}_k = \begin{pmatrix} a_k \\ b_k \\ c_k \end{pmatrix}, \quad M = \begin{pmatrix} 0.5 & 0.3 & 0 \\ 0.2 & 0.6 & 0.2 \\ 0.3 & 0.1 & 0.8 \end{pmatrix}$$

とおくと, 式 (4.1) は

$$\boldsymbol{x}_{k+1} = M\boldsymbol{x}_k$$

で表される. つまり, $k+1$ 年後の人口のベクトル $\boldsymbol{x}_{k+1}$ は, k 年後の人口の
ベクトル $\boldsymbol{x}_k$ を行列 M によって線形変換したものである. 問題 4.1 では A 市,
B 市, C 市の 3 つの都市を考えたため, M は 3×3 型行列になる. n 個の都市
を対象にした場合, 人口のベクトルは n 次元ベクトルとなり, 人口の推移は
$n \times n$ 型行列による線形変換で記述できる.

4.2　行列のべき乗

4.1 節では, 1 年後から 5 年後の人口のベクトル $\boldsymbol{x}_1, \boldsymbol{x}_2, \boldsymbol{x}_3, \boldsymbol{x}_4, \boldsymbol{x}_5$ を

$$\boldsymbol{x}_1 = M\boldsymbol{x}_0, \quad \boldsymbol{x}_2 = M\boldsymbol{x}_1, \quad \boldsymbol{x}_3 = M\boldsymbol{x}_2, \quad \boldsymbol{x}_4 = M\boldsymbol{x}_3, \quad \boldsymbol{x}_5 = M\boldsymbol{x}_4$$

のように順番に計算したが，ここでは別の計算法を説明する．

いま $\boldsymbol{x}_0$ から $\boldsymbol{x}_5$ を直接計算してみよう．$\boldsymbol{x}_5 = M\boldsymbol{x}_4$ に $\boldsymbol{x}_4 = M\boldsymbol{x}_3$ を代入すると

$$\boldsymbol{x}_5 = M\boldsymbol{x}_4 = M(M\boldsymbol{x}_3) = M^2\boldsymbol{x}_3$$

となる．同じように変形していくと

$$\boldsymbol{x}_5 = M^2\boldsymbol{x}_3 = M^2(M\boldsymbol{x}_2) = M^3(M\boldsymbol{x}_1) = M^4(M\boldsymbol{x}_0) = M^5\boldsymbol{x}_0$$

を得る．つまり，$\boldsymbol{x}_0$ に左から M^5 を掛けると，$\boldsymbol{x}_1, \boldsymbol{x}_2, \boldsymbol{x}_3, \boldsymbol{x}_4$ を経由せずに $\boldsymbol{x}_5$ を直接求めることができる．

今までの議論から，k 年後の人口は

$$\boldsymbol{x}_k = M^k\boldsymbol{x}_0$$

で表されることがわかる．問題 4.1 で知りたいのは時間が十分に経過したときの人口である．言い換えると

$$\lim_{k\to\infty} \boldsymbol{x}_k = \lim_{k\to\infty} M^k\boldsymbol{x}_0 \tag{4.2}$$

を求めたい．そのために，行列 M の k 乗である M^k を計算しよう．

4.3 行列の対角化

行列 $\begin{pmatrix} a_{11} & a_{12} & a_{13} \\ a_{21} & a_{22} & a_{23} \\ a_{31} & a_{32} & a_{33} \end{pmatrix}$ の k 乗は $k=3$ であっても計算するのが大変である．一方，k 乗を簡単に計算できる行列もある．次の例題 4.2 で行列の k 乗を実際に計算してみよう．

例題 4.2　3×3 型行列 $\begin{pmatrix} a & 0 & 0 \\ 0 & b & 0 \\ 0 & 0 & c \end{pmatrix}$ の k 乗を計算せよ．

（解答）　まず 2 乗を計算すると

$$\begin{pmatrix} a & 0 & 0 \\ 0 & b & 0 \\ 0 & 0 & c \end{pmatrix} \begin{pmatrix} a & 0 & 0 \\ 0 & b & 0 \\ 0 & 0 & c \end{pmatrix} = \begin{pmatrix} a^2 & 0 & 0 \\ 0 & b^2 & 0 \\ 0 & 0 & c^2 \end{pmatrix}$$

となる. 次に 3 乗を計算すると

$$\begin{pmatrix} a & 0 & 0 \\ 0 & b & 0 \\ 0 & 0 & c \end{pmatrix} \begin{pmatrix} a^2 & 0 & 0 \\ 0 & b^2 & 0 \\ 0 & 0 & c^2 \end{pmatrix} = \begin{pmatrix} a^3 & 0 & 0 \\ 0 & b^3 & 0 \\ 0 & 0 & c^3 \end{pmatrix}$$

となる. 同じように考えると, k 乗の計算結果は

$$\begin{pmatrix} a^k & 0 & 0 \\ 0 & b^k & 0 \\ 0 & 0 & c^k \end{pmatrix}$$

であることがわかる.   ∎

例題 4.2 が簡単に解ける理由は, $(1,1)$ 成分, $(2,2)$ 成分, $(3,3)$ 成分以外が
すべて 0 であるためである. 対角成分以外がすべて 0 である $n \times n$ 型行列は

$$\begin{pmatrix} a_1 & 0 & \cdots & 0 \\ 0 & a_2 & \ddots & \vdots \\ \vdots & \ddots & \ddots & 0 \\ 0 & \cdots & 0 & a_n \end{pmatrix}$$

のような形をしている. このような行列を**対角行列**という. 対角行列の k 乗
は

$$\begin{pmatrix} a_1^k & 0 & \cdots & 0 \\ 0 & a_2^k & \ddots & \vdots \\ \vdots & \ddots & \ddots & 0 \\ 0 & \cdots & 0 & a_n^k \end{pmatrix}$$

となるため，簡単に計算できる．例題 4.2 では $n=3$ の場合を確認した.

$n \times n$ 型行列 M に対して正則な行列 P を適切に選んだ結果，$P^{-1}MP$ が対角行列になるとき，M は**対角化可能**であるという．得られた対角行列を

$$P^{-1}MP = \begin{pmatrix} a_1 & 0 & \cdots & 0 \\ 0 & a_2 & \ddots & \vdots \\ \vdots & \ddots & \ddots & 0 \\ 0 & \cdots & 0 & a_n \end{pmatrix} \tag{4.3}$$

とおく．対角化するときに左から P^{-1} を，右から P を掛けることには理由がある．行列 M の k 乗を計算するときにこの変形の重要さがわかるだろう.

例題 4.3 行列 $M = \begin{pmatrix} 0.5 & 0.3 & 0 \\ 0.2 & 0.6 & 0.2 \\ 0.3 & 0.1 & 0.8 \end{pmatrix}$ に対して $P = \begin{pmatrix} 0.6 & 1 & -3 \\ 1 & 0 & 1 \\ 1.4 & -1 & 2 \end{pmatrix}$ とおくとき，$P^{-1}MP$ を計算せよ.

（解答）行列 P の逆行列 P^{-1} を計算すると

$$P^{-1} = \begin{pmatrix} \dfrac{1}{3} & \dfrac{1}{3} & \dfrac{1}{3} \\ -\dfrac{1}{5} & \dfrac{9}{5} & -\dfrac{6}{5} \\ -\dfrac{1}{3} & \dfrac{2}{3} & -\dfrac{1}{3} \end{pmatrix}$$

となる(補論 A.1 の例 A.1 参照)．3つの行列 P^{-1}, M, P の積を計算すると

$$P^{-1}MP = \begin{pmatrix} \dfrac{1}{3} & \dfrac{1}{3} & \dfrac{1}{3} \\ -\dfrac{1}{5} & \dfrac{9}{5} & -\dfrac{6}{5} \\ -\dfrac{1}{3} & \dfrac{2}{3} & -\dfrac{1}{3} \end{pmatrix} \begin{pmatrix} 0.5 & 0.3 & 0 \\ 0.2 & 0.6 & 0.2 \\ 0.3 & 0.1 & 0.8 \end{pmatrix} \begin{pmatrix} 0.6 & 1 & -3 \\ 1 & 0 & 1 \\ 1.4 & -1 & 2 \end{pmatrix}$$

$$= \begin{pmatrix} 1 & 0 & 0 \\ 0 & 0.5 & 0 \\ 0 & 0 & 0.4 \end{pmatrix}$$

となり，計算結果は対角行列となる.

　この問題では，$P^{-1}MP$ が対角行列になるように行列 P を定めている. 行列 P の求め方は 4.5 節で説明する.

　行列 M の k 乗を計算しよう. 式(4.3)の両辺を k 乗すると

$$(P^{-1}MP)^k = \begin{pmatrix} a_1^k & 0 & \cdots & 0 \\ 0 & a_2^k & \ddots & \vdots \\ \vdots & \ddots & \ddots & 0 \\ 0 & \cdots & 0 & a_n^k \end{pmatrix} \tag{4.4}$$

となる. 逆行列の定義(2.12)より $PP^{-1}=I$ であることを利用すると，式(4.4)の左辺は

$$\begin{aligned}(P^{-1}MP)^k &= \overbrace{(P^{-1}MP)(P^{-1}MP)\cdots(P^{-1}MP)}^{k\ 個} \\ &= P^{-1}M(PP^{-1})M(PP^{-1})\cdots(PP^{-1})MP \\ &= P^{-1}M^k P \end{aligned}$$

と変形できる. これを式(4.4)に代入すると

$$P^{-1}M^k P = \begin{pmatrix} a_1^k & 0 & \cdots & 0 \\ 0 & a_2^k & \ddots & \vdots \\ \vdots & \ddots & \ddots & 0 \\ 0 & \cdots & 0 & a_n^k \end{pmatrix}$$

となる. この両辺に左から P，右から P^{-1} を掛けると

$$M^k = P \begin{pmatrix} a_1^k & 0 & \cdots & 0 \\ 0 & a_2^k & \ddots & \vdots \\ \vdots & \ddots & \ddots & 0 \\ 0 & \cdots & 0 & a_n^k \end{pmatrix} P^{-1} \tag{4.5}$$

を得る. 式(4.5)から，行列 M の k 乗である M^k を求めるためには

$$
P, \quad
\begin{pmatrix}
a_1^k & 0 & \cdots & 0 \\
0 & a_2^k & \ddots & \vdots \\
\vdots & \ddots & \ddots & 0 \\
0 & \cdots & 0 & a_n^k
\end{pmatrix}, \quad P^{-1}
$$

というたった 3 つの行列の積を計算すればよいことがわかる.

例題 4.4 行列 $M = \begin{pmatrix} 0.5 & 0.3 & 0 \\ 0.2 & 0.6 & 0.2 \\ 0.3 & 0.1 & 0.8 \end{pmatrix}$ の k 乗である M^k を計算せよ.

（解答） 例題 4.3 の計算結果を利用する. 式 (4.5) にしたがって計算すると

$$
M^k =
\begin{pmatrix}
0.6 & 1 & -3 \\
1 & 0 & 1 \\
1.4 & -1 & 2
\end{pmatrix}
\begin{pmatrix}
1^k & 0 & 0 \\
0 & 0.5^k & 0 \\
0 & 0 & 0.4^k
\end{pmatrix}
\begin{pmatrix}
\dfrac{1}{3} & \dfrac{1}{3} & \dfrac{1}{3} \\[2mm]
-\dfrac{1}{5} & \dfrac{9}{5} & -\dfrac{6}{5} \\[2mm]
-\dfrac{1}{3} & \dfrac{2}{3} & -\dfrac{1}{3}
\end{pmatrix}
$$

$$
=
\begin{pmatrix}
\dfrac{1}{5} - \dfrac{1}{5} \cdot 0.5^k + 0.4^k & \dfrac{1}{5} + \dfrac{9}{5} \cdot 0.5^k - 2 \cdot 0.4^k & \dfrac{1}{5} - \dfrac{6}{5} \cdot 0.5^k + 0.4^k \\[3mm]
\dfrac{1}{3} - \dfrac{1}{3} \cdot 0.4^k & \dfrac{1}{3} + \dfrac{2}{3} \cdot 0.4^k & \dfrac{1}{3} - \dfrac{1}{3} \cdot 0.4^k \\[3mm]
\dfrac{7}{15} + \dfrac{1}{5} \cdot 0.5^k - \dfrac{2}{3} \cdot 0.4^k & \dfrac{7}{15} - \dfrac{9}{5} \cdot 0.5^k + \dfrac{4}{3} \cdot 0.4^k & \dfrac{7}{15} + \dfrac{6}{5} \cdot 0.5^k - \dfrac{2}{3} \cdot 0.4^k
\end{pmatrix}
$$

となる. ∎

では，問題 4.1 に答えよう.

例題 4.5 問題 4.1 の A 市，B 市，C 市の将来の人口を計算せよ.

（解答） 例題 4.4 の計算結果を利用して $\lim_{k \to \infty} M^k$ を計算する. ここで

$$
\lim_{k \to \infty} 0.5^k = 0, \quad \lim_{k \to \infty} 0.4^k = 0
$$

であるため，$\lim_{k \to \infty} M^k$ では M^k の各成分の第 1 項だけが残り

$$\lim_{k \to \infty} M^k = \begin{pmatrix} \dfrac{1}{5} & \dfrac{1}{5} & \dfrac{1}{5} \\[2mm] \dfrac{1}{3} & \dfrac{1}{3} & \dfrac{1}{3} \\[2mm] \dfrac{7}{15} & \dfrac{7}{15} & \dfrac{7}{15} \end{pmatrix}$$

となる.

k 年後の人口のベクトル $\boldsymbol{x}_k$ について, 式(4.2)を用いて $\displaystyle\lim_{k \to \infty} \boldsymbol{x}_k$ を計算しよう. 最初の年($k=0$)の A 市, B 市, C 市の人口はそれぞれ 4 万人, 3 万人, 1 万人であったので, $\boldsymbol{x}_0 = \begin{pmatrix} 40000 \\ 30000 \\ 10000 \end{pmatrix}$ である. 式(4.2)にあてはめると

$$\lim_{k \to \infty} \boldsymbol{x}_k = \lim_{k \to \infty} M^k \boldsymbol{x}_0 = \begin{pmatrix} \dfrac{1}{5} & \dfrac{1}{5} & \dfrac{1}{5} \\[2mm] \dfrac{1}{3} & \dfrac{1}{3} & \dfrac{1}{3} \\[2mm] \dfrac{7}{15} & \dfrac{7}{15} & \dfrac{7}{15} \end{pmatrix} \begin{pmatrix} 40000 \\ 30000 \\ 10000 \end{pmatrix} = \begin{pmatrix} 16000 \\[2mm] \dfrac{80000}{3} \\[2mm] \dfrac{112000}{3} \end{pmatrix}$$

$$\approx \begin{pmatrix} 16000 \\ 26667 \\ 37333 \end{pmatrix}$$

となる. したがって, A 市, B 市, C 市の将来の人口はそれぞれ 16,000 人, 約 26,667 人, 約 37,333 人となる. 4.1 節で述べたように, コンピュータで計算すると $k \geq 20$ のとき $\boldsymbol{x}_k$ は $\begin{pmatrix} 16000 \\ 26667 \\ 37333 \end{pmatrix}$ にほぼ一致する.　∎

例題 4.4 を通して, 行列を対角化することができれば, 行列のべき乗が簡単に計算できることを確認した. 残る問題は

- 行列はいつでも対角化することが可能なのか
- 対角化可能な場合, 対角化に使用する行列 P をどのように見つけるか

の 2 点である. これらを説明するために, 次の 4.4 節では固有値と固有ベク

トルについて述べる.

━━ **4.4 固有値と固有ベクトル** ━━━━

例題 4.3 では,3 つの行列 P^{-1}, M, P の積を計算して,

$$P^{-1}MP = \begin{pmatrix} 1 & 0 & 0 \\ 0 & 0.5 & 0 \\ 0 & 0 & 0.4 \end{pmatrix}$$

のように M を対角化できることを確認した.この対角成分 1, 0.5, 0.4 は行列 $M = \begin{pmatrix} 0.5 & 0.3 & 0 \\ 0.2 & 0.6 & 0.2 \\ 0.3 & 0.1 & 0.8 \end{pmatrix}$ の固有値とよばれるものである.また,行列 $P =$

$\begin{pmatrix} 0.6 & 1 & -3 \\ 1 & 0 & 1 \\ 1.4 & -1 & 2 \end{pmatrix}$ の各列ベクトル

$$\begin{pmatrix} 0.6 \\ 1 \\ 1.4 \end{pmatrix}, \quad \begin{pmatrix} 1 \\ 0 \\ -1 \end{pmatrix}, \quad \begin{pmatrix} -3 \\ 1 \\ 2 \end{pmatrix}$$

はそれぞれ,行列 M の 3 つの固有値 1, 0.5, 0.4 に対応する固有ベクトルとよばれるものになる.

$n \times n$ 型行列 A の固有値と固有ベクトルを定義する.いま行列 A に対して,未知のスカラー λ とベクトル $\boldsymbol{u}$ を用いた式

$$A\boldsymbol{u} = \lambda\boldsymbol{u}$$

を考えよう.あとで述べるが,λ が固有値,$\boldsymbol{u}$ が固有ベクトルに対応する.行列 A とベクトル $\boldsymbol{u}$ の成分を具体的に書くと

$$\begin{pmatrix} a_{11} & a_{12} & \cdots & a_{1n} \\ a_{21} & a_{22} & \cdots & a_{2n} \\ \vdots & \vdots & \ddots & \vdots \\ a_{n1} & a_{n2} & \cdots & a_{nn} \end{pmatrix} \begin{pmatrix} u_1 \\ u_2 \\ \vdots \\ u_n \end{pmatrix} = \lambda \begin{pmatrix} u_1 \\ u_2 \\ \vdots \\ u_n \end{pmatrix}$$

となる．成分計算すると，n 本の式

$$a_{11}u_1 + a_{12}u_2 + \cdots + a_{1n}u_n = \lambda u_1$$
$$a_{21}u_1 + a_{22}u_2 + \cdots + a_{2n}u_n = \lambda u_2$$
$$\vdots \qquad\qquad\qquad\qquad \tag{4.6}$$
$$a_{n1}u_1 + a_{n2}u_2 + \cdots + a_{nn}u_n = \lambda u_n$$

で書ける．行列 A がどのような行列であっても $\begin{pmatrix} u_1 \\ u_2 \\ \vdots \\ u_n \end{pmatrix} = \begin{pmatrix} 0 \\ 0 \\ \vdots \\ 0 \end{pmatrix}$ はこの式を満

たす．そこで，ベクトル $\boldsymbol{u}$ が $\boldsymbol{0}$ でないという条件を追加した式

$$A\boldsymbol{u} = \lambda\boldsymbol{u}, \quad \boldsymbol{u} \neq \boldsymbol{0} \tag{4.7}$$

を考える．式(4.7)を満たす λ を行列 A の**固有値**，$\boldsymbol{u}$ を λ に対応する**固有ベクトル**とよぶ．

　式(4.7)は $n \times n$ 型の単位行列 I を用いて

$$(A - \lambda I)\boldsymbol{u} = \boldsymbol{0}, \quad \boldsymbol{u} \neq \boldsymbol{0}$$

と書き直せる．条件 $\boldsymbol{u} \neq \boldsymbol{0}$ を利用すると，行列 $A - \lambda I$ に逆行列が存在しないことを証明できる．ここでは，行列 $A - \lambda I$ に逆行列 $X = (A - \lambda I)^{-1}$ が存在すると仮定して矛盾を導く．上の式の両辺に左から X を掛けると

$$X(A-\lambda I)\boldsymbol{u} = X\boldsymbol{0}$$

となり，$\boldsymbol{u}=\boldsymbol{0}$ が導かれる．これは条件 $\boldsymbol{u}\neq\boldsymbol{0}$ に矛盾する．よって仮定は誤りであり，行列 $A-\lambda I$ には逆行列が存在しない．

行列 $A-\lambda I$ に逆行列が存在しないならば，$A-\lambda I$ の行列式は 0 である（3.5節参照）．したがって

$$\det(A-\lambda I) = 0 \tag{4.8}$$

が成り立つ．行列 $A-\lambda I$ の各対角成分には λ が含まれるため，$\det(A-\lambda I)$ は λ に関する n 次多項式となる．式(4.8)を解くと固有値 λ を求めることができる．

計算した固有値 λ を式(4.6)に代入すると，$\boldsymbol{u}$ の各成分 $u_1, u_2, \ldots, u_n$ を変数とする連立一次方程式が得られる．この連立一次方程式を解くと，固有値 λ に対応する固有ベクトル $\boldsymbol{u}$ を求めることができる．

例 4.1　行列 $M = \begin{pmatrix} 0.5 & 0.3 & 0 \\ 0.2 & 0.6 & 0.2 \\ 0.3 & 0.1 & 0.8 \end{pmatrix}$ の固有値を計算しよう．式(4.8)にあてはめると

$$\det \begin{pmatrix} 0.5-\lambda & 0.3 & 0 \\ 0.2 & 0.6-\lambda & 0.2 \\ 0.3 & 0.1 & 0.8-\lambda \end{pmatrix} = 0$$

となる．3×3 型行列の行列式に関する式(3.11)を計算すると

$$(\lambda-0.4)(\lambda-0.5)(\lambda-1) = 0$$

を得る．よって $\lambda=0.4, 0.5, 1$ である．　∎

例 4.2　行列 $M = \begin{pmatrix} 0.5 & 0.3 & 0 \\ 0.2 & 0.6 & 0.2 \\ 0.3 & 0.1 & 0.8 \end{pmatrix}$ の固有値 0.4 に対応する固有ベクトルを計算しよう．式(4.7)にあてはめると

$$\begin{pmatrix} 0.5 & 0.3 & 0 \\ 0.2 & 0.6 & 0.2 \\ 0.3 & 0.1 & 0.8 \end{pmatrix} \begin{pmatrix} u_1 \\ u_2 \\ u_3 \end{pmatrix} = 0.4 \begin{pmatrix} u_1 \\ u_2 \\ u_3 \end{pmatrix}, \quad \begin{pmatrix} u_1 \\ u_2 \\ u_3 \end{pmatrix} \neq \begin{pmatrix} 0 \\ 0 \\ 0 \end{pmatrix}$$

となる. 式を整理すると, 連立一次方程式

$$0.1u_1 + 0.3u_2 \qquad\qquad = 0$$

$$0.2u_1 + 0.2u_2 + 0.2u_3 = 0$$

$$0.3u_1 + 0.1u_2 + 0.4u_3 = 0$$

を得る. これを解くと, c を 0 でない任意の実数として $u_1 = -3c$, $u_2 = c$, $u_3 = 2c$ となる.

よって, 固有値 0.4 に対応する固有ベクトルは

$$\begin{pmatrix} u_1 \\ u_2 \\ u_3 \end{pmatrix} = \begin{pmatrix} -3c \\ c \\ 2c \end{pmatrix} \quad (c \text{ は } 0 \text{ でない任意の実数})$$

である.

固有値 0.5 と 1 についても同じように計算すると, c', c'' を 0 でない任意の実数として, 固有値 0.5 に対応する固有ベクトルは $\begin{pmatrix} u_1 \\ u_2 \\ u_3 \end{pmatrix} = \begin{pmatrix} c' \\ 0 \\ -c' \end{pmatrix}$, 固有値 1 に対応する固有ベクトルは $\begin{pmatrix} u_1 \\ u_2 \\ u_3 \end{pmatrix} = \begin{pmatrix} 0.6c'' \\ c'' \\ 1.4c'' \end{pmatrix}$ となる.

例題 4.6 行列 $\begin{pmatrix} 12 & -3 \\ 3 & 2 \end{pmatrix}$ の固有値と固有ベクトルを計算せよ.

(解答) 式 (4.8) にあてはめると $\det \begin{pmatrix} 12-\lambda & -3 \\ 3 & 2-\lambda \end{pmatrix} = 0$ となる. これを計算すると

$$(\lambda - 3)(\lambda - 11) = 0$$

となり, $\lambda = 3, 11$ を得る. よって, 固有値は 3 と 11 である.

まず，固有値 3 に対応する固有ベクトルを計算する．式(4.7)より

$$\begin{pmatrix} 12 & -3 \\ 3 & 2 \end{pmatrix} \begin{pmatrix} u_1 \\ u_2 \end{pmatrix} = 3 \begin{pmatrix} u_1 \\ u_2 \end{pmatrix}$$

を解けばよい．計算すると，固有ベクトルは

$$\begin{pmatrix} u_1 \\ u_2 \end{pmatrix} = \begin{pmatrix} c \\ 3c \end{pmatrix} \quad (c \text{ は } 0 \text{ でない任意の実数})$$

となる．同様にして，固有値 11 に対応する固有ベクトルは

$$\begin{pmatrix} u_1 \\ u_2 \end{pmatrix} = \begin{pmatrix} 3c' \\ c' \end{pmatrix} \quad (c' \text{ は } 0 \text{ でない任意の実数})$$

となる． ▮

4.5 対角化と固有値・固有ベクトル

$n \times n$ 型行列 M が式(4.3)のように対角化できたとしよう．このとき，対角行列の対角成分は固有値であり，対角化に用いる正則な行列 P は固有ベクトルを並べた行列になることを説明する．

式(4.3)の両辺に左から P を掛けると

$$MP = P \begin{pmatrix} a_1 & 0 & \cdots & 0 \\ 0 & a_2 & \ddots & \vdots \\ \vdots & \ddots & \ddots & 0 \\ 0 & \cdots & 0 & a_n \end{pmatrix}$$

となる．行列 P を列ベクトルにわけて $P = \begin{pmatrix} \boldsymbol{p}_1 & \boldsymbol{p}_2 & \cdots & \boldsymbol{p}_n \end{pmatrix}$ と書くと

$$M \begin{pmatrix} \boldsymbol{p}_1 & \boldsymbol{p}_2 & \cdots & \boldsymbol{p}_n \end{pmatrix} = \begin{pmatrix} \boldsymbol{p}_1 & \boldsymbol{p}_2 & \cdots & \boldsymbol{p}_n \end{pmatrix} \begin{pmatrix} a_1 & 0 & \cdots & 0 \\ 0 & a_2 & \ddots & \vdots \\ \vdots & \ddots & \ddots & 0 \\ 0 & \cdots & 0 & a_n \end{pmatrix}$$

$$\iff \begin{pmatrix} M\boldsymbol{p}_1 & M\boldsymbol{p}_2 & \cdots & M\boldsymbol{p}_n \end{pmatrix} = \begin{pmatrix} a_1\boldsymbol{p}_1 & a_2\boldsymbol{p}_2 & \cdots & a_n\boldsymbol{p}_n \end{pmatrix}$$

となる．したがって

$$M\boldsymbol{p}_1 = a_1\boldsymbol{p}_1, \quad M\boldsymbol{p}_2 = a_2\boldsymbol{p}_2, \quad \ldots, \quad M\boldsymbol{p}_n = a_n\boldsymbol{p}_n$$

が成り立つ．これは固有値と固有ベクトルの定義式(4.7)と同じ形である．いま行列 P は正則なので，$i=1,\ldots,n$ について $\boldsymbol{p}_i \neq \boldsymbol{0}$ であることに注意しよう．よって，a_i は行列 M の固有値であり，$\boldsymbol{p}_i$ は固有値 a_i に対応する固有ベクトルである．

　以上の議論をまとめる．行列 M が対角化できる場合，M の固有ベクトルを並べた行列 P を作り $P^{-1}MP$ を計算すればよい．$P^{-1}MP$ を計算すると，固有ベクトルに対応する順に固有値が並ぶ対角行列を得る．

例 4.3　前節の例 4.2 で計算した 3 つの固有ベクトルを用いて，行列 $M = \begin{pmatrix} 0.5 & 0.3 & 0 \\ 0.2 & 0.6 & 0.2 \\ 0.3 & 0.1 & 0.8 \end{pmatrix}$ を対角化してみよう．固有ベクトルには定数倍の自由度があるが，c, c', c'' の値は 0 以外の実数であればどのように決めても問題ない．たとえば $c = c' = c'' = 1$ とすると，3 つの固有ベクトルは

$$\begin{pmatrix} -3 \\ 1 \\ 2 \end{pmatrix}, \quad \begin{pmatrix} 1 \\ 0 \\ -1 \end{pmatrix}, \quad \begin{pmatrix} 0.6 \\ 1 \\ 1.4 \end{pmatrix}$$

となる．これらを 3 番目，2 番目，1 番目の列ベクトルとして並べた行列は

$$\left(\begin{array}{c|c|c} 0.6 & 1 & -3 \\ 1 & 0 & 1 \\ 1.4 & -1 & 2 \end{array}\right)$$

となり，例題 4.3 の行列 P に一致する．このとき

$$P^{-1}MP = \begin{pmatrix} 1 & 0 & 0 \\ 0 & 0.5 & 0 \\ 0 & 0 & 0.4 \end{pmatrix}$$

のように対角化されることは例題 4.3 で確認した．$P^{-1}MP$ では，P を作るときに並べた固有ベクトルに対応する順に固有値が並んでいる．

例題 4.7 例題 4.6 の行列 $\begin{pmatrix} 12 & -3 \\ 3 & 2 \end{pmatrix}$ を対角化せよ.

（解答）　例題 4.6 で計算した固有ベクトルで $c = c' = 1$ とすると，2 つの固有ベクトル $\begin{pmatrix} 1 \\ 3 \end{pmatrix}$, $\begin{pmatrix} 3 \\ 1 \end{pmatrix}$ を得る．これらを列ベクトルとして並べた行列 $\begin{pmatrix} 1 & 3 \\ 3 & 1 \end{pmatrix}$ を P とおく．行列 P を用いて対角化すると

$$P^{-1}\begin{pmatrix} 12 & -3 \\ 3 & 2 \end{pmatrix}P = \begin{pmatrix} -\dfrac{1}{8} & \dfrac{3}{8} \\ \dfrac{3}{8} & -\dfrac{1}{8} \end{pmatrix}\begin{pmatrix} 12 & -3 \\ 3 & 2 \end{pmatrix}\begin{pmatrix} 1 & 3 \\ 3 & 1 \end{pmatrix} = \begin{pmatrix} 3 & 0 \\ 0 & 11 \end{pmatrix}$$

となる．このとき，得られた対角行列の対角成分が例題 4.6 で計算した固有値に一致することも確認できる．

例題 4.8 ある島に生息するシカとオオカミの個体数について考える．シカとオオカミの個体数がある年に同じであったとする．t 年後のシカの個体数を d_t, オオカミの個体数を w_t とする．個体数の関係が

$$d_{t+1} = 12d_t - 3w_t$$
$$w_{t+1} = \ 3d_t + 2w_t$$

で表せるとき，シカとオオカミの個体数の比が将来どのようになるか答えよ．

（解答）　問題を解く前に式の意味を考察しよう．1つ目の式は $d_{t+1}-d_t = 11d_t - 3w_t$ と書き直せる．この左辺は1年間で増加するシカの数を表す．右辺の w_t の係数 -3 は負なので，w_t が小さいと左辺は大きくなる．これは，天敵であるオオカミが少ないほどシカが増えることを意味する．2つ目の式は $w_{t+1}-w_t = 3d_t + w_t$ と書き直せる．d_t が大きいと左辺も大きいので，オオカミは餌となるシカが多いほど増える．

個体数の関係式を行列で記述すると

$$\begin{pmatrix} d_{t+1} \\ w_{t+1} \end{pmatrix} = \begin{pmatrix} 12 & -3 \\ 3 & 2 \end{pmatrix} \begin{pmatrix} d_t \\ w_t \end{pmatrix}$$

となり，例題4.7の行列 $\begin{pmatrix} 12 & -3 \\ 3 & 2 \end{pmatrix}$ が現れる．この行列を M とおく．例題4.7で述べたように，行列 M は行列 $P = \begin{pmatrix} 1 & 3 \\ 3 & 1 \end{pmatrix}$ を用いて，$P^{-1}MP = \begin{pmatrix} 3 & 0 \\ 0 & 11 \end{pmatrix}$ と対角化できる．例題4.4と例題4.5を参考にすると

$$\begin{pmatrix} d_t \\ w_t \end{pmatrix} = M^t \begin{pmatrix} d_0 \\ w_0 \end{pmatrix} = P \begin{pmatrix} 3^t & 0 \\ 0 & 11^t \end{pmatrix} P^{-1} \begin{pmatrix} d_0 \\ w_0 \end{pmatrix}$$

を計算すればよいことがわかる．$P = \begin{pmatrix} 1 & 3 \\ 3 & 1 \end{pmatrix}$, $P^{-1} = \begin{pmatrix} -\frac{1}{8} & \frac{3}{8} \\ \frac{3}{8} & -\frac{1}{8} \end{pmatrix}$ を代入して計算すると

$$\begin{pmatrix} d_t \\ w_t \end{pmatrix} = \begin{pmatrix} -\frac{d_0}{8}3^t + \frac{3w_0}{8}3^t + \frac{9d_0}{8}11^t - \frac{3w_0}{8}11^t \\ -\frac{3d_0}{8}3^t + \frac{9w_0}{8}3^t + \frac{3d_0}{8}11^t - \frac{w_0}{8}11^t \end{pmatrix}$$

を得る．よって，将来のシカとオオカミの個体数の比は

$$\lim_{t\to\infty}\frac{d_t}{w_t}=\lim_{t\to\infty}\frac{-\dfrac{d_0}{8}3^t+\dfrac{3w_0}{8}3^t+\dfrac{9d_0}{8}11^t-\dfrac{3w_0}{8}11^t}{-\dfrac{3d_0}{8}3^t+\dfrac{9w_0}{8}3^t+\dfrac{3d_0}{8}11^t-\dfrac{w_0}{8}11^t}=\frac{9d_0-3w_0}{3d_0-w_0}$$

となる．最初の年はシカとオオカミの個体数が同じであったため，$d_0=w_0$ が成り立つ．これを代入すると

$$\frac{9d_0-3w_0}{3d_0-w_0}=\frac{6}{2}=3$$

となる．したがって，将来のシカとオオカミの個体数の比は 3:1 である． ▌

4.6　対称行列の対角化と直交行列

問題 4.1 の人口の流入出規則を変更した問題を考えよう．

> **問題 4.2**　ある年の A 市，B 市，C 市の人口はそれぞれ 4 万人，3 万人，1 万人であった．この 3 つの市では，毎年以下のような人口の流出と流入がある．
> - A 市では 55% が A 市に留まり，20% が C 市に引っ越す．
> - B 市では 55% が B 市に留まり，40% が C 市に引っ越す．
> - C 市では 20% が A 市に引っ越し，40% が B 市に引っ越す．
>
> ただし，上記以外の人々は 3 市以外に引っ越すとする．A 市，B 市，C 市の人口は将来どのようになるだろうか．

問題 4.2 を行列で記述すると

$$\begin{pmatrix}a_{k+1}\\b_{k+1}\\c_{k+1}\end{pmatrix}=\begin{pmatrix}0.55&0&0.2\\0&0.55&0.4\\0.2&0.4&0\end{pmatrix}\begin{pmatrix}a_k\\b_k\\c_k\end{pmatrix}\tag{4.9}$$

となる．問題 4.2 も今までと同じように解くことができるが，ここではより簡単な方法を紹介する．

式 (4.9) に現れる行列を $L = \begin{pmatrix} 0.55 & 0 & 0.2 \\ 0 & 0.55 & 0.4 \\ 0.2 & 0.4 & 0 \end{pmatrix}$ とおく. このとき $L^\top = L$

が成り立つので, L は対称行列である (3.8 節参照).

4.5 節では, 正則な行列 P を用いて行列 M の対角化 $P^{-1}MP$ を行った. 一方, 行列 M が対称行列の場合には, P として直交行列を選ぶことができる. 直交行列 P については $P^{-1} = P^\top$ が成り立つため, $P^\top MP$ により対角化できる. 直交行列を利用すると, 逆行列 P^{-1} を求めるときに P を転置するだけでよいという大きな利点がある. 直交行列の性質は 3.8 節にまとめられている.

では, 実際に計算してみよう. 途中までの流れは 4.5 節までと同じである.

例題 4.9 行列 $L = \begin{pmatrix} 0.55 & 0 & 0.2 \\ 0 & 0.55 & 0.4 \\ 0.2 & 0.4 & 0 \end{pmatrix}$ の固有値と固有ベクトルを計算せよ.

(解答) 式 (4.8) にあてはめると $\det \begin{pmatrix} 0.55 - \lambda & 0 & 0.2 \\ 0 & 0.55 - \lambda & 0.4 \\ 0.2 & 0.4 & -\lambda \end{pmatrix} = 0$ となる. これを整理すると

$$(\lambda + 0.25)(\lambda - 0.55)(\lambda - 0.8) = 0$$

となる. よって, 固有値は $\lambda = -0.25,\ 0.55,\ 0.8$ である. それぞれの固有値に対応する固有ベクトルとして

- 固有値 -0.25 のとき $\begin{pmatrix} c \\ 2c \\ -4c \end{pmatrix}$ (c は 0 でない任意の実数)

- 固有値 0.55 のとき $\begin{pmatrix} -2c' \\ c' \\ 0 \end{pmatrix}$ (c' は 0 でない任意の実数)

- 固有値 0.8 のとき $\begin{pmatrix} 4c'' \\ 8c'' \\ 5c'' \end{pmatrix}$ (c'' は 0 でない任意の実数)

が得られる.

いま計算した固有ベクトルをより深くみていこう.

例 4.4 例題 4.9 で求めた固有ベクトル

$$\boldsymbol{u}_1 = \begin{pmatrix} c \\ 2c \\ -4c \end{pmatrix}, \quad \boldsymbol{u}_2 = \begin{pmatrix} -2c' \\ c' \\ 0 \end{pmatrix}, \quad \boldsymbol{u}_3 = \begin{pmatrix} 4c'' \\ 8c'' \\ 5c'' \end{pmatrix}$$

$(c, c', c'' は 0 でない任意の実数)$

がそれぞれ直交することを確認しよう. いま

$$\boldsymbol{u}_1^\top \boldsymbol{u}_2 = c \times (-2c') + 2c \times c' + (-4)c \times 0 = 0$$
$$\boldsymbol{u}_2^\top \boldsymbol{u}_3 = (-2c') \times 4c'' + c' \times 8c'' + 0 \times 5c'' = 0$$
$$\boldsymbol{u}_3^\top \boldsymbol{u}_1 = 4c'' \times c + 8c'' \times 2c + 5c'' \times (-4c) = 0$$

が成り立つ. よって, 固有ベクトル $\boldsymbol{u}_1, \boldsymbol{u}_2, \boldsymbol{u}_3$ はそれぞれ直交する. ∎

例 4.4 で確認したように, 対称行列の異なる固有値に対応する固有ベクトルは直交することが知られている. これらの固有ベクトル $\boldsymbol{u}_1, \boldsymbol{u}_2, \boldsymbol{u}_3$ を用いて, 対角化に使用する直交行列を定める.

3.8 節で紹介した直交行列の性質 2 「直交行列の各列ベクトルは単位ベクトルであり, 列ベクトルどうしは直交する」を思い出そう. まず, 固有ベクトル $\boldsymbol{u}_1, \boldsymbol{u}_2, \boldsymbol{u}_3$ を単位ベクトルにする. いま $\|\boldsymbol{u}_1\| = \sqrt{21}|c|$, $\|\boldsymbol{u}_2\| = \sqrt{5}|c'|$, $\|\boldsymbol{u}_3\| = \sqrt{105}|c''|$ なので, $c = \dfrac{1}{\sqrt{21}}, c' = \dfrac{1}{\sqrt{5}}, c'' = \dfrac{1}{\sqrt{105}}$ とおくと単位ベクトルになり,

$$\begin{pmatrix} \dfrac{1}{\sqrt{21}} \\ \dfrac{2}{\sqrt{21}} \\ -\dfrac{4}{\sqrt{21}} \end{pmatrix}, \quad \begin{pmatrix} -\dfrac{2}{\sqrt{5}} \\ \dfrac{1}{\sqrt{5}} \\ 0 \end{pmatrix}, \quad \begin{pmatrix} \dfrac{4}{\sqrt{105}} \\ \dfrac{8}{\sqrt{105}} \\ \dfrac{5}{\sqrt{105}} \end{pmatrix}$$

を得る. 例 4.4 で確認したように, これらのベクトルはそれぞれ直交する.

次に, 得られた単位ベクトルを列ベクトルとして並べた行列

$$Q = \begin{pmatrix} \dfrac{1}{\sqrt{21}} & -\dfrac{2}{\sqrt{5}} & \dfrac{4}{\sqrt{105}} \\[3mm] \dfrac{2}{\sqrt{21}} & \dfrac{1}{\sqrt{5}} & \dfrac{8}{\sqrt{105}} \\[3mm] -\dfrac{4}{\sqrt{21}} & 0 & \dfrac{5}{\sqrt{105}} \end{pmatrix}$$

を考えると，これは直交行列となる．行列 Q が直交行列の性質2を満たしていることは Q の構成法から簡単に確認できる．

　$Q^\top LQ$ を計算すると

$Q^\top LQ$

$$= \begin{pmatrix} \dfrac{1}{\sqrt{21}} & \dfrac{2}{\sqrt{21}} & -\dfrac{4}{\sqrt{21}} \\[3mm] -\dfrac{2}{\sqrt{5}} & \dfrac{1}{\sqrt{5}} & 0 \\[3mm] \dfrac{4}{\sqrt{105}} & \dfrac{8}{\sqrt{105}} & \dfrac{5}{\sqrt{105}} \end{pmatrix} \begin{pmatrix} 0.55 & 0 & 0.2 \\ 0 & 0.55 & 0.4 \\ 0.2 & 0.4 & 0 \end{pmatrix} \begin{pmatrix} \dfrac{1}{\sqrt{21}} & -\dfrac{2}{\sqrt{5}} & \dfrac{4}{\sqrt{105}} \\[3mm] \dfrac{2}{\sqrt{21}} & \dfrac{1}{\sqrt{5}} & \dfrac{8}{\sqrt{105}} \\[3mm] -\dfrac{4}{\sqrt{21}} & 0 & \dfrac{5}{\sqrt{105}} \end{pmatrix}$$

$$= \begin{pmatrix} -0.25 & 0 & 0 \\ 0 & 0.55 & 0 \\ 0 & 0 & 0.8 \end{pmatrix} \tag{4.10}$$

となり，$Q^\top LQ$ は対角行列になる．このように，対称行列 L は直交行列 Q を用いて対角化できる．

　最後に問題4.2に答えよう．

【例題 4.10】 問題4.2のA市，B市，C市の将来の人口を計算せよ．

（解答）　k 年後の人口のベクトルを $\boldsymbol{x}_k$ とおく．このとき $\boldsymbol{x}_{k+1}=L\boldsymbol{x}_k$ より $\boldsymbol{x}_k=L^k\boldsymbol{x}_0$ と表される．ここで，式(4.10)の両辺を k 乗すると $Q^\top L^k Q =$ $\begin{pmatrix} (-0.25)^k & 0 & 0 \\ 0 & 0.55^k & 0 \\ 0 & 0 & 0.8^k \end{pmatrix}$ となるので，$L^k=Q\begin{pmatrix} (-0.25)^k & 0 & 0 \\ 0 & 0.55^k & 0 \\ 0 & 0 & 0.8^k \end{pmatrix}Q^\top$ を得る．よって

$$\lim_{k \to \infty} \boldsymbol{x}_k = \lim_{k \to \infty} L^k \boldsymbol{x}_0 = \lim_{k \to \infty} Q \begin{pmatrix} (-0.25)^k & 0 & 0 \\ 0 & 0.55^k & 0 \\ 0 & 0 & 0.8^k \end{pmatrix} Q^{\top} \boldsymbol{x}_0 = \begin{pmatrix} 0 \\ 0 \\ 0 \end{pmatrix}$$

となる．したがって，A市，B市，C市の将来の人口はすべて0人である．

このような将来を予測できれば，A市，B市，C市では人口の流出を防ぐための取り組みをはやくから実施できるだろう． ▮

4.7 対角化可能である条件

4.6節までに紹介した行列はすべて対角化可能であった．しかし，行列が常に対角化できるとは限らない．対角化できない行列を例4.5でみてみよう．

例4.5 行列 $\begin{pmatrix} 3 & 1 \\ 0 & 3 \end{pmatrix}$ を例4.3と同じ手順で対角化することを試みる．まず固有値を計算すると，$\det \begin{pmatrix} 3-\lambda & 1 \\ 0 & 3-\lambda \end{pmatrix} = 0$ より $(\lambda-3)^2 = 0$ となるので，固有値は3のみとなる．

次に，固有値3に対応する固有ベクトルを計算すると，$\begin{pmatrix} 3 & 1 \\ 0 & 3 \end{pmatrix} \begin{pmatrix} u_1 \\ u_2 \end{pmatrix} = 3 \begin{pmatrix} u_1 \\ u_2 \end{pmatrix}$ より

$$\begin{pmatrix} u_1 \\ u_2 \end{pmatrix} = \begin{pmatrix} c \\ 0 \end{pmatrix} \quad (c は 0 でない任意の実数)$$

となる．

2×2 型行列 $\begin{pmatrix} 3 & 1 \\ 0 & 3 \end{pmatrix}$ を対角化するために，固有ベクトルを2つ並べた行列 P を作りたい．対角化には逆行列 P^{-1} を使用するため，行列 P は正則でなければならない．つまり，行列 P を作るためには，2つの線形独立な固有ベクトルが必要になる．しかし，この例では固有ベクトルが $\begin{pmatrix} c \\ 0 \end{pmatrix}$ しかないので，線形独立なベクトルを2つ作ることは不可能である．したがって，行列 P を

作ることはできない. ▮

$n \times n$ 型行列 A が相異なる k 個の固有値 $\alpha_1, \alpha_2, \ldots, \alpha_k$ をもつとする.固有値 α_i が $\det(A - \lambda I) = 0$ の m_i 重根であるとき,m_i を固有値 α_i の**重複度**という.4.6 節までに紹介した対角化可能な行列では $k = n$ であり,固有値の重複度はすべて 1 であった.一方,例 4.5 の行列 $\begin{pmatrix} 3 & 1 \\ 0 & 3 \end{pmatrix}$ では,固有値 3 の重複度が 2 である.重複度が 2 以上の固有値をもつ行列は,対角化可能であるとは限らない.行列が対角化可能である条件は次の定理で与えられる(証明は文献 [1, 3] 参照).

定理 4.1

$n \times n$ 型行列 A が対角化可能であるための必要十分条件は,A の各固有値 α について,α に対応する線形独立な固有ベクトルが α の重複度の数だけ存在することである.

例 4.5 の行列は固有値 3 の重複度が 2 だが,対応する固有ベクトルを 1 つしかとることができない.したがって,定理 4.1 より対角化不可能であることがわかる.また,実用的に重要な定理として以下が知られている(証明は文献 [3, 9] 参照).

定理 4.2

$n \times n$ 型行列 A が相異なる n 個の固有値をもつならば,A は対角化可能である.

定理 4.3

対称行列は対角化可能であり,直交行列を用いて対角行列に変換できる.

対称行列が対角化できることを具体例で確認しよう.

例題 4.11 対称行列 $\begin{pmatrix} 0 & 0 & 1 \\ 0 & 1 & 0 \\ 1 & 0 & 0 \end{pmatrix}$ が対角化可能であることを定理 4.1 を用

いて証明せよ．さらに，直交行列を用いて対角化せよ．

（解答）　固有値を計算すると，$\det \begin{pmatrix} -\lambda & 0 & 1 \\ 0 & 1-\lambda & 0 \\ 1 & 0 & -\lambda \end{pmatrix} = 0$ より $(\lambda-1)^2(\lambda+1)$

$= 0$ となるので，固有値は -1（重複度 1）と 1（重複度 2）である．

固有値 -1 に対応する固有ベクトルを計算すると，$\begin{pmatrix} 0 & 0 & 1 \\ 0 & 1 & 0 \\ 1 & 0 & 0 \end{pmatrix} \begin{pmatrix} u_1 \\ u_2 \\ u_3 \end{pmatrix} =$

$-\begin{pmatrix} u_1 \\ u_2 \\ u_3 \end{pmatrix}$ より

$$\begin{pmatrix} u_1 \\ u_2 \\ u_3 \end{pmatrix} = \begin{pmatrix} c \\ 0 \\ -c \end{pmatrix} \quad (c \text{ は } 0 \text{ でない任意の実数})$$

となる．よって，重複度 1 の固有値 -1 に対して 1 つの固有ベクトルをとることができる．

固有値 1 に対応する固有ベクトルは，$\begin{pmatrix} 0 & 0 & 1 \\ 0 & 1 & 0 \\ 1 & 0 & 0 \end{pmatrix} \begin{pmatrix} u_1 \\ u_2 \\ u_3 \end{pmatrix} = \begin{pmatrix} u_1 \\ u_2 \\ u_3 \end{pmatrix}$ より

$$\begin{pmatrix} u_1 \\ u_2 \\ u_3 \end{pmatrix} = \begin{pmatrix} c' \\ c'' \\ c' \end{pmatrix} \quad (c',c'' \text{ は } c'=c''=0 \text{ でない任意の実数})$$

となる．たとえば $c'=1, c''=0$ のとき $\begin{pmatrix} 1 \\ 0 \\ 1 \end{pmatrix}$，$c'=0, c''=1$ のとき $\begin{pmatrix} 0 \\ 1 \\ 0 \end{pmatrix}$ であ

る．よって，重複度 2 の固有値 1 に対して 2 つの線形独立な固有ベクトルを

とることができる．定理 4.1 の条件が成り立つので，行列 $\begin{pmatrix} 0 & 0 & 1 \\ 0 & 1 & 0 \\ 1 & 0 & 0 \end{pmatrix}$ は対

角化可能である．

では，4.6 節と同じ手順で対角化しよう．いま得られた 3 つの固有ベクトルを単位ベクトルに直すと

$$\begin{pmatrix} \dfrac{1}{\sqrt{2}} \\ 0 \\ -\dfrac{1}{\sqrt{2}} \end{pmatrix}, \quad \begin{pmatrix} \dfrac{1}{\sqrt{2}} \\ 0 \\ \dfrac{1}{\sqrt{2}} \end{pmatrix}, \quad \begin{pmatrix} 0 \\ 1 \\ 0 \end{pmatrix}$$

となる. 次に, これらを列ベクトルとして並べた直交行列

$$Q = \left(\begin{array}{c|c|c} \dfrac{1}{\sqrt{2}} & \dfrac{1}{\sqrt{2}} & 0 \\ 0 & 0 & 1 \\ -\dfrac{1}{\sqrt{2}} & \dfrac{1}{\sqrt{2}} & 0 \end{array} \right)$$

を考える. このとき

$$Q^{\top} \begin{pmatrix} 0 & 0 & 1 \\ 0 & 1 & 0 \\ 1 & 0 & 0 \end{pmatrix} Q = \begin{pmatrix} -1 & 0 & 0 \\ 0 & 1 & 0 \\ 0 & 0 & 1 \end{pmatrix}$$

となり, 対角化することができる. ∎

　行列 A が対角化不可能な場合でも, ある正則行列 P を用いて $P^{-1}AP$ を対角行列に近い行列にすることができる. 3×3 型行列を例として説明する. まず対角化可能な場合について考えよう. 3×3 型行列には, 相異なる 3 つの固有値 p, q, r（重複度 1）をもつ場合, 相異なる 2 つの固有値 p（重複度 2）, q（重複度 1）をもつ場合, 1 つの固有値 p のみ（重複度 3）をもつ場合の 3 通りが存在する. 対応する対角行列はそれぞれ

$$\begin{pmatrix} p & 0 & 0 \\ 0 & q & 0 \\ 0 & 0 & r \end{pmatrix}, \quad \begin{pmatrix} p & 0 & 0 \\ 0 & p & 0 \\ 0 & 0 & q \end{pmatrix}, \quad \begin{pmatrix} p & 0 & 0 \\ 0 & p & 0 \\ 0 & 0 & p \end{pmatrix}$$

となる. 対角化可能でない場合は対角行列にはできないが, 右上の成分に 1 が含まれる

$$
\begin{pmatrix} p & 1 & 0 \\ 0 & p & 0 \\ 0 & 0 & q \end{pmatrix}, \quad
\begin{pmatrix} p & 1 & 0 \\ 0 & p & 0 \\ 0 & 0 & p \end{pmatrix}, \quad
\begin{pmatrix} p & 1 & 0 \\ 0 & p & 1 \\ 0 & 0 & p \end{pmatrix}
$$

のいずれかに変換することが可能である．ただし $p \neq q$ とする．このような行列をジョルダン標準形という．1つ目と2つ目の行列における左上の 2×2 型行列 $\begin{pmatrix} p & 1 \\ 0 & p \end{pmatrix}$ や3つ目の行列 $\begin{pmatrix} p & 1 & 0 \\ 0 & p & 1 \\ 0 & 0 & p \end{pmatrix}$ のように，対角成分が同じ値でその右隣に1が並ぶ行列を**ジョルダン細胞**とよぶ．

$k \times k$ 型の**ジョルダン細胞**は，対角成分がすべて同じ値であり，対角成分の右隣がすべて 1，その他の成分がすべて 0 である行列

$$
\left.\begin{pmatrix} \alpha & 1 & & & \\ & \alpha & 1 & & \\ & & \ddots & \ddots & \\ & & & \alpha & 1 \\ & & & & \alpha \end{pmatrix}\right\} k
$$

として定義される．このジョルダン細胞を $J_k(\alpha)$ で表す．

一般に，$n \times n$ 型行列 A に対して正則行列 P を適切に選ぶことで，$P^{-1}AP$ をジョルダン細胞が対角に並び，その他の成分がすべて 0 である行列

$$
\begin{pmatrix} J_{k_1}(\alpha_1) & & & \\ & J_{k_2}(\alpha_2) & & \\ & & \ddots & \\ & & & J_{k_l}(\alpha_l) \end{pmatrix}
$$

にできる．この行列を A の**ジョルダン標準形**とよぶ．

対角行列の対角成分は 1×1 型のジョルダン細胞なので，対角行列もジョルダン標準形である．例 4.5 の行列 $\begin{pmatrix} 3 & 1 \\ 0 & 3 \end{pmatrix}$ が対角化不可能であったことを思

い出そう．実は，この行列は 1 個のジョルダン細胞 $J_2(3)$ からなるジョルダン

標準形である．また，3×3 型のジョルダン標準形の例 $\begin{pmatrix} p & 1 & 0 \\ 0 & p & 0 \\ \hline 0 & 0 & q \end{pmatrix}$ は 2 個の

ジョルダン細胞 $J_2(p), J_1(q)$ で構成されている．

　行列 A が対角化不可能な場合には，対角行列のかわりにジョルダン標準形を考えると計算の見通しがよくなることが多い．ジョルダン標準形の詳細と計算法，および応用例については文献 [3, 9] を参照してほしい．

4.8 固有値が複素数になる行列

まず次の例題 4.12 を解いてみよう．

例題 4.12　行列 $\begin{pmatrix} 0 & 1 \\ -1 & 0 \end{pmatrix}$ の固有値を計算せよ．

（解答）　固有値を計算すると，$\det \begin{pmatrix} -\lambda & 1 \\ -1 & -\lambda \end{pmatrix} = 0$ より $\lambda^2 + 1 = 0$ となるので，$\lambda = \pm i$ を得る．ここで i は**虚数単位**であり，$i^2 = -1$ である．このように，実数を成分とする行列の固有値が複素数になることがある． ∎

　次に固有ベクトルを計算しよう．

例題 4.13　行列 $\begin{pmatrix} 0 & 1 \\ -1 & 0 \end{pmatrix}$ の固有ベクトルを計算せよ．

（解答）　例題 4.12 から固有値は $\pm i$ である．固有値 i に対応する固有ベクトルは $\begin{pmatrix} 0 & 1 \\ -1 & 0 \end{pmatrix} \begin{pmatrix} u_1 \\ u_2 \end{pmatrix} = i \begin{pmatrix} u_1 \\ u_2 \end{pmatrix}$ より $\begin{pmatrix} u_1 \\ u_2 \end{pmatrix} = \begin{pmatrix} c \\ ic \end{pmatrix}$ （c は 0 でない任意の複素数）となる．また同様にして，固有値 $-i$ に対応する固有ベクトルは $\begin{pmatrix} 0 & 1 \\ -1 & 0 \end{pmatrix} \begin{pmatrix} u_1 \\ u_2 \end{pmatrix} = -i \begin{pmatrix} u_1 \\ u_2 \end{pmatrix}$ より $\begin{pmatrix} u_1 \\ u_2 \end{pmatrix} = \begin{pmatrix} c' \\ -ic' \end{pmatrix}$ （c' は 0 でない任意の複素数）となる．固有ベクトルを複素数の世界で考えているため，c と c' が 0 でない任意の複素数となっていることに注意しよう． ∎

　対角化可能な条件を与える定理 4.1 は複素数の世界でも成立する．例題

4.12 で 2×2 型行列 $\begin{pmatrix} 0 & 1 \\ -1 & 0 \end{pmatrix}$ が 2 つの相異なる固有値をもつことを確認したので,この行列は対角化可能である.では,実際に対角化してみよう.

例題 4.14 行列 $\begin{pmatrix} 0 & 1 \\ -1 & 0 \end{pmatrix}$ を対角化せよ.

(解答) 例題 4.13 で $c = c' = 1$ とおくと,2 つの固有ベクトル $\begin{pmatrix} 1 \\ i \end{pmatrix}$, $\begin{pmatrix} 1 \\ -i \end{pmatrix}$ を得る.これらを並べた行列 $P = \left(\begin{array}{c|c} 1 & 1 \\ i & -i \end{array} \right)$ を用いて対角化すると

$$P^{-1} \begin{pmatrix} 0 & 1 \\ -1 & 0 \end{pmatrix} P = \begin{pmatrix} \dfrac{1}{2} & -\dfrac{1}{2}i \\ \dfrac{1}{2} & \dfrac{1}{2}i \end{pmatrix} \begin{pmatrix} 0 & 1 \\ -1 & 0 \end{pmatrix} \begin{pmatrix} 1 & 1 \\ i & -i \end{pmatrix} = \begin{pmatrix} i & 0 \\ 0 & -i \end{pmatrix}$$

となる.∎

　次に,複素数を成分とする行列を対角化してみよう.準備のため,複素数の世界で転置行列,対称行列,直交行列に対応するものを定義しよう.複素数 $v = \alpha + i\beta$ に対して $\alpha - i\beta$ を v の**共役複素数**とよび,$\bar{v}$ で表す.複素数を成分とする行列 $A = (a_{ij})$ に対して,a_{ji} の共役複素数 $\overline{a_{ji}}$ を (i, j) 成分とする行列を A の**共役転置行列**といい,A^* で表記する.たとえば,行列 $A = \begin{pmatrix} 1+2i & 3+4i \\ 5 & 6i \end{pmatrix}$ の共役転置行列は $A^* = \begin{pmatrix} 1-2i & 5 \\ 3-4i & -6i \end{pmatrix}$ である.

$n \times n$ 型行列 $A = (a_{ij})$ について

- $A^* = A$ が成り立つとき,A を**エルミート行列**とよぶ.
- $A^* = A^{-1}$ が成り立つとき,A を**ユニタリ行列**とよぶ.

実数の世界における「直交行列による対称行列の対角化」は,複素数の世界における「ユニタリ行列によるエルミート行列の対角化」に対応する.複素数を成分とするベクトル $\boldsymbol{v} = \begin{pmatrix} v_1 \\ v_2 \\ \vdots \\ v_n \end{pmatrix}$ の**ノルム**は

$$\|\boldsymbol{v}\| = \sqrt{\sum_{i=1}^{n} \overline{v_i} v_i}$$

により定義される.

例題 4.15 エルミート行列 $\begin{pmatrix} 1 & i \\ -i & 1 \end{pmatrix}$ を対角化せよ.

(解答) 固有値を計算すると, $\det \begin{pmatrix} 1-\lambda & i \\ -i & 1-\lambda \end{pmatrix} = 0$ より $\lambda(\lambda-2)=0$ となるので, $\lambda=0,2$ を得る. エルミート行列の固有値はすべて実数になることに注意しよう(演習 4.4(3)参照).

c, c' を 0 でない任意の複素数とすると, 固有値 $0, 2$ に対応する固有ベクトルは $\begin{pmatrix} -ic \\ c \end{pmatrix}, \begin{pmatrix} ic' \\ c' \end{pmatrix}$ と書ける. $c = \dfrac{1}{\sqrt{2}}$, $c' = \dfrac{1}{\sqrt{2}}$ として単位ベクトルに直すと $\begin{pmatrix} -\dfrac{1}{\sqrt{2}}i \\ \dfrac{1}{\sqrt{2}} \end{pmatrix}, \begin{pmatrix} \dfrac{1}{\sqrt{2}}i \\ \dfrac{1}{\sqrt{2}} \end{pmatrix}$ になる.

これらのベクトルを並べてできるユニタリ行列 $Q = \begin{pmatrix} -\dfrac{1}{\sqrt{2}}i & \dfrac{1}{\sqrt{2}}i \\ \dfrac{1}{\sqrt{2}} & \dfrac{1}{\sqrt{2}} \end{pmatrix}$ を用いて対角化すると

$$Q^* \begin{pmatrix} 1 & i \\ -i & 1 \end{pmatrix} Q = \begin{pmatrix} \dfrac{1}{\sqrt{2}}i & \dfrac{1}{\sqrt{2}} \\ -\dfrac{1}{\sqrt{2}}i & \dfrac{1}{\sqrt{2}} \end{pmatrix} \begin{pmatrix} 1 & i \\ -i & 1 \end{pmatrix} \begin{pmatrix} -\dfrac{1}{\sqrt{2}}i & \dfrac{1}{\sqrt{2}}i \\ \dfrac{1}{\sqrt{2}} & \dfrac{1}{\sqrt{2}} \end{pmatrix}$$

$$= \begin{pmatrix} 0 & 0 \\ 0 & 2 \end{pmatrix}$$

となる.

コラム　固有値と固有ベクトルの幾何学的意味

　ここでは，固有値と固有ベクトルの幾何学的な意味について，行列 $A =$ $\begin{pmatrix} 0.78 & 0.28 \\ 0.42 & 0.92 \end{pmatrix}$ による線形変換を例として説明する．行列 A の固有値を計算すると $\lambda = 0.5, 1.2$ となる．固有ベクトルは固有値 0.5 のとき $\begin{pmatrix} c \\ -c \end{pmatrix}$，固有値 1.2 のとき $\begin{pmatrix} 2c' \\ 3c' \end{pmatrix}$ (c, c' は 0 でない任意の実数)となる．

　$c = 4, c' = 0.5$ のときの固有ベクトル $\boldsymbol{u}_1 = \begin{pmatrix} 4 \\ -4 \end{pmatrix}, \boldsymbol{u}_2 = \begin{pmatrix} 1 \\ 1.5 \end{pmatrix}$ を考えよう．$\boldsymbol{u}_1, \boldsymbol{u}_2$ を図示すると図 4.2 左の矢印のようになる．$\boldsymbol{u}_1, \boldsymbol{u}_2$ を A によって変換したベクトル $A\boldsymbol{u}_1 = \begin{pmatrix} 2 \\ -2 \end{pmatrix}, A\boldsymbol{u}_2 = \begin{pmatrix} 1.2 \\ 1.8 \end{pmatrix}$ を図 4.2 中央に，$A\boldsymbol{u}_1, A\boldsymbol{u}_2$ をさらに変換したベクトル $A^2\boldsymbol{u}_1 = \begin{pmatrix} 1 \\ -1 \end{pmatrix}, A^2\boldsymbol{u}_2 = \begin{pmatrix} 1.44 \\ 2.16 \end{pmatrix}$ を図 4.2 右に示す．図 4.2 では線形変換により座標平面も変化している．この詳細については第 2 章のコラムを参照してほしい．

　第 2 章で確認したように，一般には，線形変換を行うとベクトルの向きが変化する．一方，固有ベクトルは線形変換では向きが変わらず，長さだけ伸び縮みするという特徴をもつ．図 4.2 をみると，3 つの図で 2 つの

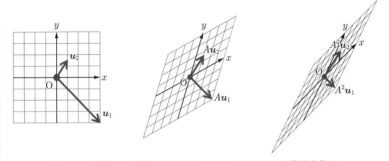

図 4.2　行列 A の固有ベクトル $\boldsymbol{u}_1, \boldsymbol{u}_2$ が A による線形変換で変化していく様子．

矢印の向きは同じであり，長さだけが変化している．実は，矢印の伸縮率が固有値に対応する．

　これらの事実は固有値と固有ベクトルの定義式(4.7)から簡単に導かれる．$A\boldsymbol{u}=\lambda\boldsymbol{u}$ は，固有ベクトル $\boldsymbol{u}$ を A によって線形変換したあとのベクトル $A\boldsymbol{u}$ が固有ベクトル $\boldsymbol{u}$ の λ 倍であることを意味している．

4.9　演習問題

演習 4.1　X 社と Y 社を携帯電話会社とする．2020 年に X 社のユーザ数は 12 万人，Y 社のユーザ数は 60 万人であった．X 社が画期的なスマートフォンを発売したところ，翌年以降は，X 社のユーザは前年の 8 割が X 社に留まり 2 割が Y 社に乗り換え，Y 社のユーザは前年の 6 割が Y 社に留まり 4 割が X 社に乗り換えるようになった．t 年後の X 社，Y 社のそれぞれのユーザ数を x_t, y_t で表すと

$$x_{t+1} = 0.8x_t + 0.4y_t$$
$$y_{t+1} = 0.2x_t + 0.6y_t$$

となる．ただし，2020 年は $t=0$ に対応する．このとき以下の問いに答えよ．

(1) $\begin{pmatrix} x_{t+1} \\ y_{t+1} \end{pmatrix} = A \begin{pmatrix} x_t \\ y_t \end{pmatrix}$ と表すとき，行列 A を答えよ．

(2) 行列 A の固有値を計算せよ．

(3) 行列 A を対角化せよ．

(4) $t \to \infty$ のときの A^t を計算せよ．

(5) 時間が十分に経過したとき（つまり $t \to \infty$ のとき），X 社と Y 社のユーザ数がどのようになるか答えよ．

演習 4.2　差分方程式

$$x_{n+1} = x_n + y_n$$
$$y_{n+1} = 2x_n + y_n$$

について考える．ただし，$x_0 = y_0 = 1$ とする．いま $z_n = \dfrac{y_n}{x_n}$ とおく．このとき以下の問いに答えよ．

(1) 実は z_n はある無理数の近似値になる．$z_0, z_1, \ldots, z_5$ を計算し，$\displaystyle\lim_{n \to \infty} z_n$ を

推測せよ. $z_0, z_1, \ldots, z_5$ の計算では小数点以下第 4 位を四捨五入した値を答えること.

(2) 差分方程式を $\begin{pmatrix} x_{n+1} \\ y_{n+1} \end{pmatrix} = A \begin{pmatrix} x_n \\ y_n \end{pmatrix}$ と表すとき, 行列 A を答えよ.

(3) 行列 A の固有値を計算せよ.

(4) 行列 A を対角化せよ.

(5) x_n, y_n を計算せよ.

(6) $\displaystyle\lim_{n \to \infty} z_n$ を計算せよ.

演習 4.3 次の行列を対角化せよ.

(1) $\begin{pmatrix} 1 & 0 & 1 \\ 0 & 1 & 1 \\ 1 & 1 & 0 \end{pmatrix}$ 　　(2) $\begin{pmatrix} 2 & 1+\mathrm{i} \\ 1-\mathrm{i} & 3 \end{pmatrix}$

演習 4.4 以下の問いに答えよ.

(1) 実数を成分とする正方行列 A に対して, c を実数として $B = cA$ とする. このとき, 行列 B の固有値が行列 A の固有値の c 倍であることを証明せよ. さらに, A の固有値 λ に対応する固有ベクトルと, B の固有値 $c\lambda$ に対応する固有ベクトルが一致することを証明せよ.

(2) 対称行列の固有値がすべて実数であることを証明せよ.

(3) エルミート行列の固有値がすべて実数であることを証明せよ.

線形方程式系と最小二乗法

5

私たちが日常生活で遭遇する問題の中には，行列を用いた簡単な式で表現できるものが数多く存在する．本章では線形方程式系の基本事項をまとめ，線形方程式系の応用例である最小二乗法を紹介する．

5.1 洋菓子店の生産計画

例 5.1 から例 5.3 では，洋菓子店の生産計画に関する問題を行列で表現する．導出される式は似ているが，状況が異なる点に着目してみていこう．

例 5.1 ある洋菓子店では，ビスケット，サブレ，クラッカーの 3 種類の商品を販売している．それぞれの商品を 1 kg 作るのに必要な材料は以下の表の通りである．小麦粉が 28 kg，バターが 17 kg，砂糖が 12 kg あるとき，それぞれの商品を何 kg 作ることができるだろうか．

	ビスケット	サブレ	クラッカー
小麦粉 [kg]	0.4	0.4	0.5
バター [kg]	0.25	0.3	0.25
砂糖 [kg]	0.3	0.2	0

ビスケット，サブレ，クラッカーの量をそれぞれ x, y, z [kg] とおく．各材

料の総和を考えると

$$\begin{array}{ll}
\text{小麦粉について} & 0.4\ x+0.4y+0.5\ z=28 \\[4pt]
\text{バターについて} & 0.25x+0.3y+0.25z=17 \\[4pt]
\text{砂糖について} & 0.3\ x+0.2y\qquad\ \ =12
\end{array}$$

が成り立つ．これを行列で記述すると

$$\begin{pmatrix} 0.4 & 0.4 & 0.5 \\ 0.25 & 0.3 & 0.25 \\ 0.3 & 0.2 & 0 \end{pmatrix}\begin{pmatrix} x \\ y \\ z \end{pmatrix}=\begin{pmatrix} 28 \\ 17 \\ 12 \end{pmatrix}$$

となる．ここで $A_1=\begin{pmatrix} 0.4 & 0.4 & 0.5 \\ 0.25 & 0.3 & 0.25 \\ 0.3 & 0.2 & 0 \end{pmatrix},\ \boldsymbol{b}_1=\begin{pmatrix} 28 \\ 17 \\ 12 \end{pmatrix}$ とおくと

$$A_1\begin{pmatrix} x \\ y \\ z \end{pmatrix}=\boldsymbol{b}_1 \tag{5.1}$$

と表現できる．3×3 型行列 A_1 の階数を計算すると 3 になる(3.9 節の例題 3.14 参照)．よって A_1 は正則なので，逆行列 A_1^{-1} が存在する．逆行列 A_1^{-1} を計算すると $A_1^{-1}=\begin{pmatrix} 5 & -10 & 5 \\ -7.5 & 15 & -2.5 \\ 4 & -4 & -2 \end{pmatrix}$ が得られる(逆行列の計算は補論 A.1 参照)．式(5.1)の両辺に左から A_1^{-1} を掛けると

$$\begin{pmatrix} x \\ y \\ z \end{pmatrix}=A_1^{-1}\boldsymbol{b}_1=\begin{pmatrix} 5 & -10 & 5 \\ -7.5 & 15 & -2.5 \\ 4 & -4 & -2 \end{pmatrix}\begin{pmatrix} 28 \\ 17 \\ 12 \end{pmatrix}=\begin{pmatrix} 30 \\ 15 \\ 20 \end{pmatrix}$$

となる．したがって，$x=30, y=15, z=20$ である．

例 5.2　クラッカーを 1 kg 作るのに必要なバターの量が 0.5 kg に変更され

たとしよう. このとき 3 種類の商品はそれぞれ何 kg 作れるだろうか.

例 5.1 のときと同じように行列で記述すると

$$\begin{pmatrix} 0.4 & 0.4 & 0.5 \\ 0.25 & 0.3 & 0.5 \\ 0.3 & 0.2 & 0 \end{pmatrix} \begin{pmatrix} x \\ y \\ z \end{pmatrix} = \begin{pmatrix} 28 \\ 17 \\ 12 \end{pmatrix} \tag{5.2}$$

となる. ここで $A_2 = \begin{pmatrix} 0.4 & 0.4 & 0.5 \\ 0.25 & 0.3 & 0.5 \\ 0.3 & 0.2 & 0 \end{pmatrix}$ とおく. 行列 A_2 は, 例 5.1 で定め

た行列 A_1 の $(2,3)$ 成分だけ変更したものであることに注意しよう.

実は, 式 (5.2) の解は存在しない. たとえば, 例 5.1 と同じように $x = 30$, $y = 15, z = 20$ とすると

$$A_2 \begin{pmatrix} x \\ y \\ z \end{pmatrix} = \begin{pmatrix} 0.4 & 0.4 & 0.5 \\ 0.25 & 0.3 & 0.5 \\ 0.3 & 0.2 & 0 \end{pmatrix} \begin{pmatrix} 30 \\ 15 \\ 20 \end{pmatrix} = \begin{pmatrix} 28 \\ 22 \\ 12 \end{pmatrix}$$

となる. これは, 小麦粉 28 kg と砂糖 12 kg を使い切ることはできるが, バター 17 kg では足りないことを意味する. 別の例として $x = 25.5, y = 21.75, z = 8.2$ とすると

$$A_2 \begin{pmatrix} x \\ y \\ z \end{pmatrix} = \begin{pmatrix} 0.4 & 0.4 & 0.5 \\ 0.25 & 0.3 & 0.5 \\ 0.3 & 0.2 & 0 \end{pmatrix} \begin{pmatrix} 25.5 \\ 21.75 \\ 8.2 \end{pmatrix} = \begin{pmatrix} 23 \\ 17 \\ 12 \end{pmatrix}$$

となる. これは, バター 17 kg と砂糖 12 kg を使い切ることはできるが, 小麦粉は 28kg のうち 23 kg しか使わないことを意味する. この例では x, y, z がどのような実数であっても, つまり, ビスケット, サブレ, クラッカーをどの量だけ作ったとしても, 小麦粉 28 kg, バター 17 kg, 砂糖 12 kg のすべてをぴったり使い切ることはできない.

例 5.3 小麦粉が 21 kg, バターが 14.5 kg, 砂糖が 8 kg あるとする. 例 5.1

にあるサブレとクラッカーの2種類だけを作るとき,それぞれ何 kg 作れるだろうか.

サブレの量 y [kg] とクラッカーの量 z [kg] を用いて行列で記述すると

$$\begin{pmatrix} 0.4 & 0.5 \\ 0.3 & 0.25 \\ 0.2 & 0 \end{pmatrix} \begin{pmatrix} y \\ z \end{pmatrix} = \begin{pmatrix} 21 \\ 14.5 \\ 8 \end{pmatrix} \tag{5.3}$$

となる.ここで $A_3 = \begin{pmatrix} 0.4 & 0.5 \\ 0.3 & 0.25 \\ 0.2 & 0 \end{pmatrix}$ とおく.行列 A_3 は正方行列ではないので

逆行列は存在しない.そのため例 5.1 と同じ方法で計算することはできないが,$y=40, z=10$ がこの式の解になる.実際,式(5.3)に $y=40, z=10$ を代入すると,左辺と右辺が一致することが確認できる.$y=40, z=10$ の導出については補論 A.2 の例 A.2 を参照してほしい.∎

いま $\boldsymbol{x} = \begin{pmatrix} x \\ y \\ z \end{pmatrix}$, $\tilde{\boldsymbol{x}} = \begin{pmatrix} y \\ z \end{pmatrix}$, $\boldsymbol{b}_2 = \begin{pmatrix} 21 \\ 14.5 \\ 8 \end{pmatrix}$ とおく.例 5.1 から例 5.3 で述べ

た式は,3×3 型行列 A_1, A_2 と 3×2 型行列 A_3 を用いて

$$A_1 \boldsymbol{x} = \boldsymbol{b}_1, \quad A_2 \boldsymbol{x} = \boldsymbol{b}_1, \quad A_3 \tilde{\boldsymbol{x}} = \boldsymbol{b}_2$$

と表現できる.このような式を**線形方程式系**または**連立一次方程式**という.

5.2 線形方程式系の解の存在と一意性

線形方程式系

$$A\boldsymbol{x} = \boldsymbol{b}$$

では行列 A とベクトル $\boldsymbol{b}$ が与えられていて,ベクトル $\boldsymbol{x}$ は未知である.ここでは線形方程式系の解 $\boldsymbol{x}$ の存在と一意性について議論する.

線形方程式系には,唯一つの解をもつ場合,解を無限にもつ場合,解をもた

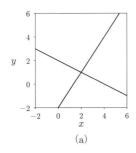 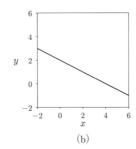 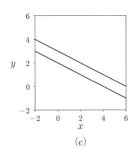

(a)　　　　　　　　　(b)　　　　　　　　　(c)

図 5.1　2 本の直線の位置関係.

ない場合がある．これらの違いを簡単な例で確認する．2 変数の線形方程式系

$$a_{11}x + a_{12}y = b_1 \tag{5.4}$$

$$a_{21}x + a_{22}y = b_2 \tag{5.5}$$

を幾何学的に解釈しよう．(x, y) を xy 平面の座標とみなすと，式(5.4)と式(5.5)はともに xy 平面上の直線を表している．線形方程式系の解はこれらの直線の交点に対応する．

平面における 2 本の直線の位置関係は以下の 3 通りが考えられる．図5.1にそれぞれの場合を図示する．

(a)　2 本の直線が一点で交差する．このとき線形方程式系は唯一つの解をもつ．

(b)　2 本の直線が一致する．このとき線形方程式系の解は無限に存在する．

(c)　2 本の直線が平行に位置する．このとき線形方程式系は解をもたない．

(a), (b), (c)の例を具体的にみてみよう．

(a)　$\begin{aligned} 2x + 4y &= 8 \\ 3x - 2y &= 4 \end{aligned}$　　(b)　$\begin{aligned} 2x + 4y &= 8 \\ x + 2y &= 4 \end{aligned}$　　(c)　$\begin{aligned} 2x + 4y &= 8 \\ x + 2y &= 6 \end{aligned}$

これらの線形方程式系を $A\boldsymbol{x} = \boldsymbol{b}$ の形で記述すると

(a)　$A = \begin{pmatrix} 2 & 4 \\ 3 & -2 \end{pmatrix}$, 　$\boldsymbol{b} = \begin{pmatrix} 8 \\ 4 \end{pmatrix}$

(b)　$A = \begin{pmatrix} 2 & 4 \\ 1 & 2 \end{pmatrix}$, 　$\boldsymbol{b} = \begin{pmatrix} 8 \\ 4 \end{pmatrix}$

(c)　$A = \begin{pmatrix} 2 & 4 \\ 1 & 2 \end{pmatrix}$,　$\boldsymbol{b} = \begin{pmatrix} 8 \\ 6 \end{pmatrix}$

となる．(a), (b), (c) の状況はそれぞれ，線形方程式系の解が唯一つ存在する，無限に存在する，存在しない，というように異なる．

まず (a) について考えよう．(a) の 2×2 型行列 $A = \begin{pmatrix} 2 & 4 \\ 3 & -2 \end{pmatrix}$ の階数は 2 なので，行列 A は正則である．よって A の逆行列 A^{-1} が存在する．線形方程式系 $A\boldsymbol{x} = \boldsymbol{b}$ の両辺に左から A^{-1} を掛けると

$$\boldsymbol{x} = A^{-1}\boldsymbol{b}$$

となる．したがって，線形方程式系 $A\boldsymbol{x} = \boldsymbol{b}$ は唯一つの解 $\boldsymbol{x} = A^{-1}\boldsymbol{b}$ をもつ．

(b) と (c) の共通点は 2×2 型行列 $A = \begin{pmatrix} 2 & 4 \\ 1 & 2 \end{pmatrix}$ の階数が 1 であるという点である．行列 A が正則でないので，A の逆行列は存在しない．では，(b) と (c) の違いはどこにあるのだろうか．

(b) の線形方程式系をみると，1 つ目の式は 2 つ目の式のちょうど 2 倍である．だからこそ，図 5.1(b) において 2 つの直線が一致する．一方，(c) の線形方程式系では 2 つの式がこのような定数倍の関係にはなっていない．この違いは行列 A とベクトル $\boldsymbol{b}$ を並べた行列

(b)　$\left(A \mid \boldsymbol{b} \right) = \begin{pmatrix} 2 & 4 & 8 \\ 1 & 2 & 4 \end{pmatrix}$　　(c)　$\left(A \mid \boldsymbol{b} \right) = \begin{pmatrix} 2 & 4 & 8 \\ 1 & 2 & 6 \end{pmatrix}$　(5.6)

の階数に現れる．

式 (5.4) と式 (5.5) に対して $\left(A \mid \boldsymbol{b} \right)$ を書くと $\begin{pmatrix} a_{11} & a_{12} & b_1 \\ a_{21} & a_{22} & b_2 \end{pmatrix}$ となり，第 1 行に直線の方程式 (5.4) の係数 a_{11}, a_{12} と定数項 b_1 を並べ，第 2 行に直線の方程式 (5.5) の係数 a_{21}, a_{22} と定数項 b_2 を並べたものになる．したがって，$\left(A \mid \boldsymbol{b} \right)$ の階数が 1 であることは，2 本の直線が定数倍の関係にあることを意味する．式 (5.6) をみると，$\left(A \mid \boldsymbol{b} \right)$ の階数は (b) では 1 だが (c) では 2 である．したがって，(b) では 2 本の直線が一致するが，(c) では一致しない．

上で説明したことを，n 個の変数 $x_1, x_2, \ldots, x_n$ と m 本の式からなる線形方程式系

$$
\begin{aligned}
a_{11}x_1 + a_{12}x_2 + \cdots + a_{1n}x_n &= b_1 \\
a_{21}x_1 + a_{22}x_2 + \cdots + a_{2n}x_n &= b_2 \\
&\vdots \\
a_{m1}x_1 + a_{m2}x_2 + \cdots + a_{mn}x_n &= b_m
\end{aligned}
\tag{5.7}
$$

について考える．ここで

$$
A = \begin{pmatrix}
a_{11} & a_{12} & \cdots & a_{1n} \\
a_{21} & a_{22} & \cdots & a_{2n} \\
\vdots & \vdots & \ddots & \vdots \\
a_{m1} & a_{m2} & \cdots & a_{mn}
\end{pmatrix}, \quad
\boldsymbol{x} = \begin{pmatrix} x_1 \\ x_2 \\ \vdots \\ x_n \end{pmatrix}, \quad
\boldsymbol{b} = \begin{pmatrix} b_1 \\ b_2 \\ \vdots \\ b_m \end{pmatrix}
$$

とおくと，線形方程式系(5.7)は

$$
A\boldsymbol{x} = \boldsymbol{b}
\tag{5.8}
$$

と書ける．$m \times n$ 型行列 A を**係数行列**，n 次元ベクトル $\boldsymbol{x}$ を**未知ベクトル**，m 次元ベクトル $\boldsymbol{b}$ を**定数項ベクトル**という．また，行列 A とベクトル $\boldsymbol{b}$ を並べた行列 $\left(A \,\middle|\, \boldsymbol{b} \right)$ は**拡大係数行列**とよばれる．

定理5.1

線形方程式系(5.8)について以下が成り立つ．
- 線形方程式系(5.8)が解をもつ $\Leftrightarrow \operatorname{rank} A = \operatorname{rank} \left(A \,\middle|\, \boldsymbol{b} \right)$
- 線形方程式系(5.8)が唯一つの解をもつ $\Leftrightarrow \operatorname{rank} A = \operatorname{rank} \left(A \,\middle|\, \boldsymbol{b} \right) = n$
- 線形方程式系(5.8)が無限に解をもつ $\Leftrightarrow \operatorname{rank} A = \operatorname{rank} \left(A \,\middle|\, \boldsymbol{b} \right) < n$

さらに，定理5.1の1つ目の条件から

線形方程式系(5.8)が解をもたない $\Leftrightarrow \operatorname{rank} A \neq \operatorname{rank}\left(A \mid \boldsymbol{b} \right)$ 　　(5.9)

であることがわかる．定理 5.1 の証明は文献 [6] を参照してほしい．

例題 5.1 定理 5.1 と式(5.9)を用いて，例 5.1 から例 5.3 の解が唯一つ存在する，無限に存在する，存在しない，のどれであるか調べよ．

（解答）例 5.1 では係数行列 $A_1 = \begin{pmatrix} 0.4 & 0.4 & 0.5 \\ 0.25 & 0.3 & 0.25 \\ 0.3 & 0.2 & 0 \end{pmatrix}$ の階数が 3 であり，

拡大係数行列 $\left(A_1 \mid \boldsymbol{b}_1 \right) = \begin{pmatrix} 0.4 & 0.4 & 0.5 & 28 \\ 0.25 & 0.3 & 0.25 & 17 \\ 0.3 & 0.2 & 0 & 12 \end{pmatrix}$ の階数も 3 である．し

たがって，

$$\operatorname{rank} A_1 = \operatorname{rank}\left(A_1 \mid \boldsymbol{b}_1 \right) = 3$$

が成り立つため，定理 5.1 より線形方程式系は唯一つの解をもつ．

例 5.2 では，$A_2 = \begin{pmatrix} 0.4 & 0.4 & 0.5 \\ 0.25 & 0.3 & 0.5 \\ 0.3 & 0.2 & 0 \end{pmatrix}$ と $\left(A_2 \mid \boldsymbol{b}_1 \right) = \begin{pmatrix} 0.4 & 0.4 & 0.5 & 28 \\ 0.25 & 0.3 & 0.5 & 17 \\ 0.3 & 0.2 & 0 & 12 \end{pmatrix}$

の階数がそれぞれ 2 と 3 である(前者については 3.9 節の例題 3.15 参照)．よって $\operatorname{rank} A_2 \neq \operatorname{rank}\left(A_2 \mid \boldsymbol{b}_1 \right)$ が成り立つ．したがって，式(5.9)より線形方程式系には解が存在しない．

例 5.3 では

$$\operatorname{rank} A_3 = \operatorname{rank}\begin{pmatrix} 0.4 & 0.5 \\ 0.3 & 0.25 \\ 0.2 & 0 \end{pmatrix} = 2,\ \operatorname{rank}\left(A_3 \mid \boldsymbol{b}_2 \right) = \begin{pmatrix} 0.4 & 0.5 & 21 \\ 0.3 & 0.25 & 14.5 \\ 0.2 & 0 & 8 \end{pmatrix} = 2$$

となり，$\operatorname{rank} A_3 = \operatorname{rank}\left(A_3 \mid \boldsymbol{b}_2 \right) = 2$ が成り立つ．よって，定理 5.1 より線形方程式系は唯一つの解をもつ．

線形方程式系 $A\boldsymbol{x} = \boldsymbol{b}$ は行基本変形を用いて解くことができる(補論 A.2 参

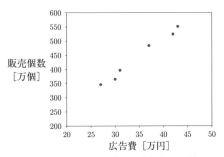

図 5.2　商品の広告費と販売個数の関係.

照). また, 係数行列 A が正則な場合には, A と $\boldsymbol{b}$ からなる行列式を用いて $\boldsymbol{x}$ を表現するクラメールの公式が知られている(補論 A.4 参照).

5.3　予測モデルと最小二乗法

　マーケティングの広告費に関する問題を取り上げ, 最小二乗法について説明する.

　問題 5.1　ある会社が過去に販売した商品について, 広告費と販売個数のデータを所有している. データの詳細は以下の通りである.

広告費 [万円]	27	30	31	37	42	43
販売個数 [万個]	346	365	397	484	524	551

　今回販売する新商品の広告費が 35 万円であるとき, 販売個数はいくつになると予測できるだろうか.

　広告費と販売個数の関係をグラフにすると図 5.2 のようになる. 図 5.2 をみると, 広告費が高いほど販売個数が増加する傾向がある. いま広告費 x [万円] と販売個数 y [万個] に

$$y = cx + d$$

という関係があると仮定しよう.

データ数を n とし，i 番目のデータの広告費を x_i [万円]，販売個数を y_i [万個] とする．問題 5.1 のデータ数は 6 なので $n=6$ である．たとえば 1 つ目のデータについては $x_1=27, y_1=346$ となる．図 5.2 をみると，6 点すべてを通る直線は存在しない．データ $i=1,2,\ldots,n$ について，実際の販売個数 y_i と直線 $y=cx+d$ による予測値 cx_i+d の差を ε_i で表すと

$$y_i = cx_i + d + \varepsilon_i \quad (i=1,2,\ldots,n) \tag{5.10}$$

と書ける．

n 個の点にもっともあてはまりのよい直線を求めたい．このような直線に対しては，各データの誤差の絶対値 $|\varepsilon_1|, |\varepsilon_2|, \ldots, |\varepsilon_n|$ が小さくなると考えられる．誤差の二乗和 $\varepsilon_1^2 + \varepsilon_2^2 + \cdots + \varepsilon_n^2$ が最小になる直線 $y=cx+d$ を計算する手法が**最小二乗法**である．

$i=1,2,\ldots,n$ について式 (5.10) を並べたものを行列で記述すると

$$\begin{pmatrix} y_1 \\ y_2 \\ \vdots \\ y_n \end{pmatrix} = \begin{pmatrix} x_1 & 1 \\ x_2 & 1 \\ \vdots & \vdots \\ x_n & 1 \end{pmatrix} \begin{pmatrix} c \\ d \end{pmatrix} + \begin{pmatrix} \varepsilon_1 \\ \varepsilon_2 \\ \vdots \\ \varepsilon_n \end{pmatrix} \tag{5.11}$$

となる．ここで

$$A = \begin{pmatrix} x_1 & 1 \\ x_2 & 1 \\ \vdots & \vdots \\ x_n & 1 \end{pmatrix}, \quad \boldsymbol{y} = \begin{pmatrix} y_1 \\ y_2 \\ \vdots \\ y_n \end{pmatrix}, \quad \boldsymbol{z} = \begin{pmatrix} c \\ d \end{pmatrix}, \quad \boldsymbol{\varepsilon} = \begin{pmatrix} \varepsilon_1 \\ \varepsilon_2 \\ \vdots \\ \varepsilon_n \end{pmatrix} \tag{5.12}$$

とおくと，式 (5.11) は

$$\boldsymbol{y} = A\boldsymbol{z} + \boldsymbol{\varepsilon}$$

と書き直せる．誤差の二乗和を S で表すと

$$S = \|\boldsymbol{\varepsilon}\|^2 = \|\boldsymbol{y} - A\boldsymbol{z}\|^2 = \sum_{i=1}^{n} (y_i - cx_i - d)^2$$

となる. 最小二乗法では S を最小にするベクトル $\boldsymbol{z} = \begin{pmatrix} c \\ d \end{pmatrix}$ を計算する.

S を最小にする $\boldsymbol{z} = \begin{pmatrix} c \\ d \end{pmatrix}$ を求めるためには, S を c と d で偏微分したものがともに 0 になればよい. 言い換えると

$$\frac{\partial S}{\partial c} = 0, \quad \frac{\partial S}{\partial d} = 0$$

を解けばよい(補論 A.5 参照). いま

$$\frac{\partial}{\partial c}(y_i - cx_i - d)^2 = -2x_i(y_i - cx_i - d)$$
$$\frac{\partial}{\partial d}(y_i - cx_i - d)^2 = -2(y_i - cx_i - d)$$

と計算できるので,

$$\frac{\partial S}{\partial c} = -2\sum_{i=1}^{n} x_i(y_i - cx_i - d)$$
$$\frac{\partial S}{\partial d} = -2\sum_{i=1}^{n} (y_i - cx_i - d)$$

となる. よって, $\dfrac{\partial S}{\partial c} = 0$, $\dfrac{\partial S}{\partial d} = 0$ より

$$\sum_{i=1}^{n} x_i(y_i - cx_i - d) = 0 \tag{5.13}$$
$$\sum_{i=1}^{n} (y_i - cx_i - d) = 0 \tag{5.14}$$

が成り立つ. ここで

$$\sum_{i=1}^{n} x_i(y_i - cx_i - d) = \sum_{i=1}^{n} x_i y_i - \left(\sum_{i=1}^{n} x_i^2\right)c - \left(\sum_{i=1}^{n} x_i\right)d$$
$$\sum_{i=1}^{n} (y_i - cx_i - d) = \sum_{i=1}^{n} y_i - \left(\sum_{i=1}^{n} x_i\right)c - nd$$

と変形できるので, 式(5.13)と式(5.14)は

$$\left(\sum_{i=1}^n x_i^2\right)c + \left(\sum_{i=1}^n x_i\right)d = \sum_{i=1}^n x_i y_i$$

$$\left(\sum_{i=1}^n x_i\right)c + nd = \sum_{i=1}^n y_i$$

と整理される．これを行列で記述すると

$$\begin{pmatrix} \sum\limits_{i=1}^n x_i^2 & \sum\limits_{i=1}^n x_i \\ \sum\limits_{i=1}^n x_i & n \end{pmatrix} \begin{pmatrix} c \\ d \end{pmatrix} = \begin{pmatrix} \sum\limits_{i=1}^n x_i y_i \\ \sum\limits_{i=1}^n y_i \end{pmatrix} \tag{5.15}$$

となる．

いま行列 $A = \begin{pmatrix} x_1 & 1 \\ x_2 & 1 \\ \vdots & \vdots \\ x_n & 1 \end{pmatrix}$ とベクトル $\boldsymbol{y} = \begin{pmatrix} y_1 \\ y_2 \\ \vdots \\ y_n \end{pmatrix}$ に対して，$A^\top A$ と $A^\top \boldsymbol{y}$ を

計算すると

$$A^\top A = \begin{pmatrix} x_1 & x_2 & \cdots & x_n \\ 1 & 1 & \cdots & 1 \end{pmatrix} \begin{pmatrix} x_1 & 1 \\ x_2 & 1 \\ \vdots & \vdots \\ x_n & 1 \end{pmatrix} = \begin{pmatrix} \sum\limits_{i=1}^n x_i^2 & \sum\limits_{i=1}^n x_i \\ \sum\limits_{i=1}^n x_i & n \end{pmatrix}$$

$$A^\top \boldsymbol{y} = \begin{pmatrix} x_1 & x_2 & \cdots & x_n \\ 1 & 1 & \cdots & 1 \end{pmatrix} \begin{pmatrix} y_1 \\ y_2 \\ \vdots \\ y_n \end{pmatrix} = \begin{pmatrix} \sum\limits_{i=1}^n x_i y_i \\ \sum\limits_{i=1}^n y_i \end{pmatrix}$$

となる．これらは式(5.15)の行列と右辺のベクトルに一致する．$\boldsymbol{z} = \begin{pmatrix} c \\ d \end{pmatrix}$ と
おいたことを思い出すと，式(5.15)は

$$A^\top A \boldsymbol{z} = A^\top \boldsymbol{y} \tag{5.16}$$

と表現できる．$\boldsymbol{z}$ に関する線形方程式系(5.16)は**正規方程式**とよばれる．こ

のように，誤差の二乗和 S を最小にする $\boldsymbol{z}$ は正規方程式を解いて求めることができる．

例5.4　最小二乗法を用いて問題5.1を解いてみよう．問題5.1の表をみると

$$A = \begin{pmatrix} 27 & 1 \\ 30 & 1 \\ 31 & 1 \\ 37 & 1 \\ 42 & 1 \\ 43 & 1 \end{pmatrix}, \quad \boldsymbol{y} = \begin{pmatrix} 346 \\ 365 \\ 397 \\ 484 \\ 524 \\ 551 \end{pmatrix}$$

となる．行列 $A^{\top}A$ とベクトル $A^{\top}\boldsymbol{y}$ を計算すると

$$A^{\top}A = \begin{pmatrix} 7572 & 210 \\ 210 & 6 \end{pmatrix}, \quad A^{\top}\boldsymbol{y} = \begin{pmatrix} 96208 \\ 2667 \end{pmatrix}$$

となるので，正規方程式

$$\begin{pmatrix} 7572 & 210 \\ 210 & 6 \end{pmatrix} \boldsymbol{z} = \begin{pmatrix} 96208 \\ 2667 \end{pmatrix}$$

が得られる．これを解くと

$$\boldsymbol{z} = \begin{pmatrix} 12.8964 \\ -6.8739 \end{pmatrix}$$

となる．よって直線の方程式は

$$y = 12.8964x - 6.8739 \tag{5.17}$$

である．図5.3をみると，この直線が6点に近いことが確認できる．

$x = 35$ を代入すると $y = 12.8964 \times 35 - 6.8739 = 444.5001$ を得る．したがって，広告費が35万円であるとき商品は約445万個売れると予測できる． ▌

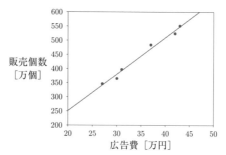

図 5.3 最小二乗法により求めた直線.

表 5.1 商品の広告費, 取扱店舗数, 販売個数の関係.

広告費 [万円]	27	30	31	37	42	43
取扱店舗数 [店舗]	627	652	637	731	710	820
販売個数 [万個]	346	365	397	484	524	551

例 5.5 問題 5.1 のデータに商品の取扱店舗数が加わったとする.3 つのデータの関係が表 5.1 のようになるとき,広告費 x_1[万円],取扱店舗数 x_2[店舗],販売個数 y[万個] の関係式

$$y = c_1 x_1 + c_2 x_2 + d$$

を最小二乗法で求めてみよう.

表 5.1 より

$$A = \begin{pmatrix} 27 & 627 & 1 \\ 30 & 652 & 1 \\ 31 & 637 & 1 \\ 37 & 731 & 1 \\ 42 & 710 & 1 \\ 43 & 820 & 1 \end{pmatrix}, \quad \boldsymbol{y} = \begin{pmatrix} 346 \\ 365 \\ 397 \\ 484 \\ 524 \\ 551 \end{pmatrix}$$

とおく.このとき

$$A^\top A = \begin{pmatrix} 7572 & 148363 & 210 \\ 148363 & 2934863 & 4177 \\ 210 & 4177 & 6 \end{pmatrix}, \quad A^\top \boldsymbol{y} = \begin{pmatrix} 96208 \\ 1885475 \\ 2667 \end{pmatrix}$$

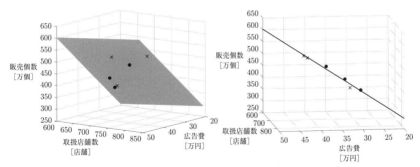

図 5.4 最小二乗法により求めた平面. ●印は平面の上側にある点. ×印は平面の下側にある点を表す. 右は平面の上下に点があることがわかるように違う角度から見た図.

となる. $\boldsymbol{z} = \begin{pmatrix} c_1 \\ c_2 \\ d \end{pmatrix}$ とおいて正規方程式 (5.16) を解くと

$$\boldsymbol{z} = \begin{pmatrix} 11.4842 \\ 0.1446 \\ -58.1180 \end{pmatrix}$$

を得る. よって, 広告費 x_1[万円], 取扱店舗数 x_2[店舗], 販売個数 y[万個] の関係式は

$$y = 11.4842 x_1 + 0.1446 x_2 - 58.1180 \tag{5.18}$$

となる. たとえば $x_1 = 35, x_2 = 800$ を代入すると

$$y = 11.4842 \times 35 + 0.1446 \times 800 - 58.1180 = 459.5090$$

を得る. したがって, 広告費が 35 万円, 取扱店舗数が 800 店舗であるとき, 商品は約 460 万個売れると予測できる.

(x_1, x_2, y) を 3 次元空間中の点とみなすと, 表 5.1 の 6 点にあてはまりのよい平面として式 (5.18) を計算したことになる. 式 (5.18) の平面を図示したものが図 5.4 である. 図 5.4 から, 最小二乗法により求めた平面の近くに 6 点すべてが位置していることが確認できる.

式(5.17)と式(5.18)のように，販売個数を表す目的の変数 y を，広告費や取扱店舗数といったさまざまな要因の線形式で記述するモデルを**線形回帰モデル**という．最小二乗法では誤差の二乗和を最小にする線形式を求めている．

コラム 像 と 核

線形方程式系 $A\boldsymbol{x} = \boldsymbol{b}$ と密接な関係がある空間を 2 つ紹介する．A を $m \times n$ 型行列とする．第 3 章のコラムで紹介したベクトル空間 $V = \{A\boldsymbol{x} \mid \boldsymbol{x} \in \mathbb{R}^n\}$ を思い出そう．いま $\boldsymbol{b} = A\boldsymbol{x}$ とおくと，空間 V は

$$V = \{\boldsymbol{b} \in \mathbb{R}^m \mid \boldsymbol{b} = A\boldsymbol{x} \text{ となる } \boldsymbol{x} \in \mathbb{R}^n \text{ が存在する}\}$$

と書き直せる．V は A の**像**(image)とよばれ，$\mathrm{Im}\, A$ で表される．n 次元ベクトル $\boldsymbol{x}$ の第 j 成分を x_j，行列 A の j 番目の列ベクトルを $\boldsymbol{a}_j$ とおく．このとき

$$A\boldsymbol{x} = \begin{pmatrix} \boldsymbol{a}_1 & \boldsymbol{a}_2 & \cdots & \boldsymbol{a}_n \end{pmatrix} \begin{pmatrix} x_1 \\ x_2 \\ \vdots \\ x_n \end{pmatrix} = \sum_{j=1}^{n} x_j \boldsymbol{a}_j$$

となる．この式から，$\mathrm{Im}\, A$ は A の列ベクトルの線形結合 $\sum_{j=1}^{n} x_j \boldsymbol{a}_j$ の全体に等しいことがわかる．

$\mathrm{Im}\, A$ の定義より，$m \times n$ 型行列 A と m 次元ベクトル $\boldsymbol{b}$ について

$$A\boldsymbol{x} = \boldsymbol{b} \text{ が解 } \boldsymbol{x} \text{ をもつ} \iff \boldsymbol{b} \in \mathrm{Im}\, A$$

が成り立つ．

行列 A に対して

$$\mathrm{Ker}\, A = \{\boldsymbol{x} \in \mathbb{R}^n \mid A\boldsymbol{x} = \boldsymbol{0}\}$$

により定義される集合を A の**核**(kernel)とよぶ．$\mathrm{Ker}\, A$ がベクトル空間であることも簡単に証明できる(演習 5.3 参照)．

　　ベクトル $\bar{\boldsymbol{x}}$ が $A\boldsymbol{x}=\boldsymbol{b}$ の解であるとき，任意の $\boldsymbol{x}_0 \in \mathrm{Ker}\,A$ に対して $\bar{\boldsymbol{x}}+\boldsymbol{x}_0$ も解になる．これは

$$A(\bar{\boldsymbol{x}}+\boldsymbol{x}_0) = A\bar{\boldsymbol{x}} + A\boldsymbol{x}_0 = \boldsymbol{b}+\boldsymbol{0} = \boldsymbol{b}$$

から直ちに導ける．したがって

　　$A\boldsymbol{x}=\boldsymbol{b}$ が唯一つの解 $\boldsymbol{x}$ をもつ $\iff$ $\boldsymbol{b} \in \mathrm{Im}\,A$ かつ $\mathrm{Ker}\,A = \{\boldsymbol{0}\}$

が成り立つ．

5.4 演習問題

演習 5.1　a, b が定数のとき，線形方程式系 $\begin{pmatrix} a & 2 & 0 \\ 1 & -1 & 1 \\ 3 & 0 & 2 \end{pmatrix} \begin{pmatrix} x \\ y \\ z \end{pmatrix} = \begin{pmatrix} 4 \\ b \\ 10 \end{pmatrix}$ の解が

唯一つ存在する，無限に存在する，存在しない，のどれであるか調べよ．a と b の値で場合分けを行うこと．

演習 5.2　駅周辺の一人暮らし向け賃貸物件を調べたところ，駅からの距離と家賃の平均の関係は以下の表の通りであった．

駅からの距離 [km]	1	2	3	4	5
家賃の平均 [万円]	10	6	4	3	2

駅からの距離を x [km]，家賃の平均を y [万円] とおいたとき，x と y の関係式を導きたい．このとき以下の問いに答えよ．

(1) x と y の関係を $y = ax + b$ で表したい．最小二乗法を用いて a と b を決定せよ．

(2) (1)で求めた直線をグラフに描き，表にある5つのデータをプロットせよ．

(3) (2)のグラフをみると，直線よりも2次関数で近似する方が適切であるようにみえる．x と y の関係を $y = ax^2 + bx + c$ で表すとき，最小二乗法を用いて a, b, c を決定せよ．

演習 5.3　A を $m \times n$ 型行列とする．$\mathrm{Ker}\,A$ がベクトル空間であることを証明せよ．

固有ベクトルと 主成分分析

6

第4章で紹介した固有値と固有ベクトルはデータ分析にも役立っている．本章では，統計的手法として広く利用されている主成分分析を紹介する．

6.1 データ分析の例

　都市1から都市10を「生活の利便性」,「安心・安全」,「医療・介護」,「教育」の4つの観点から10点満点で評価した結果が表6.1に記載されている．表6.1の評価値に基づいて各都市の特徴を分析し，10個の都市を比較してみよう．

　まず，都市1から都市10の評価値をベクトルで表現する．ベクトルの各成分を「生活の利便性」,「安心・安全」,「医療・介護」,「教育」の評価値に対応させる．たとえば，都市1の評価をベクトルで記述すると

$$\boldsymbol{x}_1 = \begin{pmatrix} 6.0 \\ 2.7 \\ 2.1 \\ 6.5 \end{pmatrix} \tag{6.1}$$

となる．同様にして，都市2から都市10に対するベクトル $\boldsymbol{x}_2, \boldsymbol{x}_3, \ldots, \boldsymbol{x}_{10}$

表 6.1 都市 1 から都市 10 の評価.

	生活の利便性	安心・安全	医療・介護	教育
都市 1	6.0	2.7	2.1	6.5
都市 2	6.7	2.2	2.5	6.4
都市 3	5.9	3.0	1.9	6.5
都市 4	6.6	5.0	2.4	6.8
都市 5	7.0	2.6	2.5	6.0
都市 6	8.1	4.2	4.5	6.3
都市 7	7.2	2.8	2.5	6.2
都市 8	7.0	3.1	2.5	5.9
都市 9	7.2	2.5	2.1	5.4
都市 10	5.6	2.2	1.8	4.5

を作る.

この例では各ベクトルが 4 つの成分をもつ. 4 次元ベクトル $x_1, x_2, \ldots,$ x_{10} は, 4 次元空間中の 10 個の点で表現できる. 10 個の都市の住みやすさを比較するもっとも単純な方法は, これらのベクトルの 4 次元空間における位置関係を調べることである.

一般に, 高次元の空間で点の位置関係を考察するのは難しい. そこで, 私たちが視覚的に理解しやすい低次元の空間で, これら 10 個の点を表現することを考える. そのために 4 つの評価指標を組み合わせて, 都市 1 から都市 10 を分析するための新しい評価指標を作り出そう. **主成分分析**という手法を用いると, もとの評価ベクトルの情報をできるだけ保ちつつ, より少ない個数の新しい評価指標でデータを表現することができる.

6.2 主成分分析の考え方

4 つの評価指標「生活の利便性」,「安心・安全」,「医療・介護」,「教育」の重要度を表す重みを w_1, w_2, w_3, w_4 とする. 4 つの指標の評価値に重み $w_1,$ w_2, w_3, w_4 を掛けて, 新しい指標

$$w_1 \times (生活の利便性の評価値) + w_2 \times (安心・安全の評価値)$$

$$+ w_3 \times (医療・介護の評価値) + w_4 \times (教育の評価値)$$

を作る.

　以下では，評価指標の数を p，都市の数を n として議論する．表 6.1 の例では $p=4, n=10$ である．i 番目の都市の評価ベクトルを

$$\boldsymbol{x}_i = \begin{pmatrix} x_{i1} \\ x_{i2} \\ \vdots \\ x_{ip} \end{pmatrix} \quad (i=1,2,\ldots,n)$$

とおく．各評価指標の重要度を表す重み $w_1, w_2, \ldots, w_p$ を用いると，新しい指標の評価値は

$$y_i = \sum_{j=1}^{p} w_j x_{ij} \quad (i=1,2,\ldots,n) \tag{6.2}$$

と表せる．

例 6.1　重み w_1, w_2, w_3, w_4 が以下の(A)と(B)の場合に新しい指標の評価値を計算しよう．

（A）　$w_1=1,\ w_2=w_3=w_4=0$ の場合

（B）　$w_1=w_2=w_3=w_4=0.5$ の場合

(A)では「生活の利便性」のみを評価に用いており，(B)では4つの指標の重要度がすべて同じになっている．どちらの場合でも $w_1^2+w_2^2+w_3^2+w_4^2=1$ となるように値を設定している．この条件はあとで利用する．

　(A)の場合に都市1の新しい評価値 y_1 を計算する．式(6.2)を用いると

$$y_1 = 1\times 6.0 + 0\times 2.7 + 0\times 2.1 + 0\times 6.5 = 6.0$$

となり，y_1 は「生活の利便性」の評価値そのものに一致する．同様にして，都市2から都市10の新しい評価値

$$y_2=6.7, \quad y_3=5.9, \quad y_4=6.6, \quad y_5=7.0,$$

$$y_6=8.1, \quad y_7=7.2, \quad y_8=7.0, \quad y_9=7.2, \quad y_{10}=5.6$$

を得る．(B)の場合，新しい評価値は

$$y_1 = 8.65, \quad y_2 = 8.90, \quad y_3 = 8.65, \quad y_4 = 10.40, \quad y_5 = 9.05,$$

$$y_6 = 11.55, \quad y_7 = 9.35, \quad y_8 = 9.25, \quad y_9 = 8.60, \quad y_{10} = 7.05$$

となる.

例 6.1 の (A) と (B) の評価値 $y_1, y_2, \ldots, y_{10}$ の違いを考察しよう. n 個のデータ $y_1, y_2, \ldots, y_n$ の平均を $\bar{y}$ とおくと

$$\bar{y} = \frac{1}{n}(y_1 + y_2 + \cdots + y_n) \tag{6.3}$$

と表せる. i 番目のデータ y_i と平均 $\bar{y}$ の差は $y_i - \bar{y}$ である. n 個のデータ y_1, $y_2, \ldots, y_n$ について $\bar{y}$ との差の 2 乗の平均をとった値

$$\frac{1}{n}\sum_{i=1}^{n}(y_i - \bar{y})^2 \tag{6.4}$$

を $y_1, y_2, \ldots, y_n$ の**分散**とよぶ. 分散はデータが散らばっている度合いを示し, 分散が大きいほどデータが平均からばらついていることを意味する.

例 6.1 の (A) と (B) の重みに対する評価値の平均は

$$((A) の平均) = \frac{1}{10}(6.0 + 6.7 + \cdots + 5.6) = 6.73$$

$$((B) の平均) = \frac{1}{10}(8.65 + 8.90 + \cdots + 7.05) = 9.145$$

となる. また, 分散を計算すると

$$((A) の分散) = \frac{1}{10}\left((6.0 - 6.73)^2 + (6.7 - 6.73)^2 + \cdots + (5.6 - 6.73)^2\right)$$

$$= 0.4981$$

$$((B) の分散) = \frac{1}{10}\left((8.65 - 9.145)^2 + (8.90 - 9.145)^2 + \cdots + (7.05 - 9.145)^2\right)$$

$$= 1.265725$$

となる. 図 6.1 をみると, 分散の大きい (B) の方がデータが散らばっていることが確認できる. n 個の都市の違いを視覚的にわかりやすく分析するためには, (B) のようにデータができるだけ散らばる評価値が望ましい.

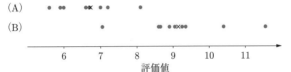

図 6.1　例 6.1 の (A) と (B) の評価値をプロットしたもの．× 印は評価値の平均を表す．

6.3　行列による表現

データができるだけ散らばるような新しい指標の評価値 (6.2) を定めるには，分散 (6.4) を最大にする重み $w_1, w_2, \ldots, w_p$ を計算すればよい．まず準備のため，行列とベクトルを用いて分散を表現する．式 (6.3) に式 (6.2) を代入すると

$$\bar{y} = \frac{1}{n} \left(\sum_{j=1}^{p} w_j x_{1j} + \sum_{j=1}^{p} w_j x_{2j} + \cdots + \sum_{j=1}^{p} w_j x_{nj} \right)$$
$$= \frac{1}{n} \sum_{j=1}^{p} w_j \left(x_{1j} + x_{2j} + \cdots + x_{nj} \right)$$

となる．j 番目の指標に対する評価値 $x_{1j}, x_{2j}, \ldots, x_{nj}$ の平均を

$$\bar{x}_j = \frac{1}{n} \left(x_{1j} + x_{2j} + \cdots + x_{nj} \right)$$

とおくと

$$\bar{y} = \sum_{j=1}^{p} w_j \bar{x}_j \tag{6.5}$$

と表される．式 (6.2) と式 (6.5) を分散の定義 (6.4) に代入すると

$$\frac{1}{n} \sum_{i=1}^{n} (y_i - \bar{y})^2 = \frac{1}{n} \sum_{i=1}^{n} \left(\sum_{j=1}^{p} w_j x_{ij} - \sum_{j=1}^{p} w_j \bar{x}_j \right)^2$$
$$= \frac{1}{n} \sum_{i=1}^{n} \left(\sum_{j=1}^{p} w_j (x_{ij} - \bar{x}_j) \right)^2 \tag{6.6}$$

となる．

一般に，p 個の変数 $z_1, z_2, \ldots, z_p$ の和を 2 乗すると

$$\left(\sum_{j=1}^{p} z_j\right)^2 = (z_1 + z_2 + \cdots + z_p)^2 = \sum_{j=1}^{p}\sum_{k=1}^{p} z_j z_k$$

が成り立つ. いま $z_j = w_j(x_{ij} - \bar{x}_j)$ とおくと, この式は

$$\left(\sum_{j=1}^{p} w_j(x_{ij} - \bar{x}_j)\right)^2 = \sum_{j=1}^{p}\sum_{k=1}^{p} w_j w_k (x_{ij} - \bar{x}_j)(x_{ik} - \bar{x}_k)$$

と書ける. これを式(6.6)に代入すると

$$\frac{1}{n}\sum_{i=1}^{n}(y_i - \bar{y})^2 = \frac{1}{n}\sum_{i=1}^{n}\sum_{j=1}^{p}\sum_{k=1}^{p} w_j w_k (x_{ij} - \bar{x}_j)(x_{ik} - \bar{x}_k)$$

$$= \sum_{j=1}^{p}\sum_{k=1}^{p} w_j w_k \left(\frac{1}{n}\sum_{i=1}^{n}(x_{ij} - \bar{x}_j)(x_{ik} - \bar{x}_k)\right) \qquad (6.7)$$

と変形できる. ここで ( ) の中をまとめて

$$s_{jk} = \frac{1}{n}\sum_{i=1}^{n}(x_{ij} - \bar{x}_j)(x_{ik} - \bar{x}_k) \qquad (6.8)$$

とおく. これを式(6.7)に代入し, 行列とベクトルを用いて記述すると

$$\frac{1}{n}\sum_{i=1}^{n}(y_i - \bar{y})^2 = \sum_{j=1}^{p}\sum_{k=1}^{p} w_j w_k s_{jk}$$

$$= \sum_{j=1}^{p} w_j \left(\sum_{k=1}^{p} w_k s_{jk}\right)$$

$$= \sum_{j=1}^{p} w_j (w_1 s_{j1} + w_2 s_{j2} + \cdots + w_p s_{jp})$$

$$= \begin{pmatrix} w_1 & w_2 & \cdots & w_p \end{pmatrix} \begin{pmatrix} w_1 s_{11} + w_2 s_{12} + \cdots + w_p s_{1p} \\ w_1 s_{21} + w_2 s_{22} + \cdots + w_p s_{2p} \\ \vdots \\ w_1 s_{p1} + w_2 s_{p2} + \cdots + w_p s_{pp} \end{pmatrix}$$

$$= \begin{pmatrix} w_1 & w_2 & \cdots & w_p \end{pmatrix} \begin{pmatrix} s_{11} & s_{12} & \cdots & s_{1p} \\ s_{21} & s_{22} & \cdots & s_{2p} \\ \vdots & \vdots & \ddots & \vdots \\ s_{p1} & s_{p2} & \cdots & s_{pp} \end{pmatrix} \begin{pmatrix} w_1 \\ w_2 \\ \vdots \\ w_p \end{pmatrix}$$

となる. いま

$$
S = \begin{pmatrix} s_{11} & s_{12} & \cdots & s_{1p} \\ s_{21} & s_{22} & \cdots & s_{2p} \\ \vdots & \vdots & \ddots & \vdots \\ s_{p1} & s_{p2} & \cdots & s_{pp} \end{pmatrix}, \quad \boldsymbol{w} = \begin{pmatrix} w_1 \\ w_2 \\ \vdots \\ w_p \end{pmatrix}
$$

とおくと

$$
\frac{1}{n} \sum_{i=1}^{n} (y_i - \bar{y})^2 = \boldsymbol{w}^\top S \boldsymbol{w}
$$

となり, 分散(6.4)を行列 S とベクトル $\boldsymbol{w}$ で表現した式が導かれる. 行列 S は**標本分散共分散行列**とよばれる. 式(6.8)より $s_{jk} = s_{kj}$ が成り立つため, 標本分散共分散行列 S は対称行列である.

例 6.2 表6.1のデータに対する標本分散共分散行列 S を計算しよう. まず, 「生活の利便性」の評価値の平均を計算すると

$$
\bar{x}_1 = \frac{1}{10} \sum_{i=1}^{10} x_{i1} = \frac{1}{10}(6.0 + 6.7 + \cdots + 5.6) = 6.73
$$

となる. 同様にして, 「安心・安全」,「医療・介護」,「教育」の評価値についても平均をとると

$$
\bar{x}_2 = 3.03, \quad \bar{x}_3 = 2.48, \quad \bar{x}_4 = 6.05
$$

を得る. 式(6.8)より

$$
\begin{aligned}
s_{11} &= \frac{1}{n} \sum_{i=1}^{n} (x_{i1} - \bar{x}_1)(x_{i1} - \bar{x}_1) \\
&= \frac{1}{10}((6.0 - 6.73)^2 + \cdots + (5.6 - 6.73)^2) = 0.4981 \\
s_{12} &= \frac{1}{n} \sum_{i=1}^{n} (x_{i1} - \bar{x}_1)(x_{i2} - \bar{x}_2) \\
&= \frac{1}{10}((6.0 - 6.73)(2.7 - 3.03) + \cdots + (5.6 - 6.73)(2.2 - 3.03)) = 0.2121
\end{aligned}
$$

となる. 他の成分についても計算すると

$$S = \begin{pmatrix} 0.4981 & 0.2121 & 0.4146 & 0.0995 \\ 0.2121 & 0.7261 & 0.3086 & 0.2925 \\ 0.4146 & 0.3086 & 0.5176 & 0.1320 \\ 0.0995 & 0.2925 & 0.1320 & 0.4025 \end{pmatrix}$$

を得る．標本分散共分散行列 S は確かに対称行列になっている．∎

6.4 分散の最大化

分散 $\boldsymbol{w}^{\top} S \boldsymbol{w}$ を最大にするベクトル $\boldsymbol{w}$ を見つける問題を考える．ここで，$\boldsymbol{w}$ は p 次元ベクトル，S は $p \times p$ 型の標本分散共分散行列である．準備のため，簡単な例題を解いてみよう．

例題 6.1 あるベクトル $\boldsymbol{u}$ について $\boldsymbol{u}^{\top} S \boldsymbol{u} = c$ が成り立つとき，ベクトル $\boldsymbol{u}$ を k 倍したベクトル $\boldsymbol{w} = k\boldsymbol{u}$ について $\boldsymbol{w}^{\top} S \boldsymbol{w} = ck^2$ が成り立つことを証明せよ．

（解答）　簡単な式変形

$$\boldsymbol{w}^{\top} S \boldsymbol{w} = (k\boldsymbol{u})^{\top} S(k\boldsymbol{u}) = k^2 (\boldsymbol{u}^{\top} S \boldsymbol{u}) = ck^2$$

だけで証明できる．スカラー k を前に出すのがポイントである．∎

例題 6.1 は，k が大きくなるほど分散 $\boldsymbol{w}^{\top} S \boldsymbol{w}$ の値が大きくなることを意味する．ベクトル $\boldsymbol{w}$ のノルム $\|\boldsymbol{w}\|$ に制約がないと k の値を大きくできるので，$\boldsymbol{w}^{\top} S \boldsymbol{w}$ の値をいくらでも大きくできてしまう．そこで $\boldsymbol{w}$ が単位ベクトルであるという条件を追加し，この条件のもとで $\boldsymbol{w}^{\top} S \boldsymbol{w}$ を最大にするベクトル $\boldsymbol{w}$ を見つける問題を考える．

$\boldsymbol{w}$ が単位ベクトルであるという条件 $\|\boldsymbol{w}\| = 1$ に対して

$$\|\boldsymbol{w}\| = 1 \iff \|\boldsymbol{w}\|^2 = 1 \iff \boldsymbol{w}^{\top} \boldsymbol{w} = 1 \iff 1 - \boldsymbol{w}^{\top} \boldsymbol{w} = 0$$

が成り立つ．この条件のもとで $\boldsymbol{w}^{\top} S \boldsymbol{w}$ を最大化する問題はラグランジュの未

定乗数法を用いて解くことができる. ラグランジュの未定乗数法については補論 A.6 を参照してほしい.

ラグランジュ関数を

$$L(\boldsymbol{w}, \mu) = \boldsymbol{w}^\top S \boldsymbol{w} + \mu(1 - \boldsymbol{w}^\top \boldsymbol{w}) \tag{6.9}$$

とおく. μ をラグランジュ乗数とよぶ. 第 2 項 $\mu(1 - \boldsymbol{w}^\top \boldsymbol{w})$ はラグランジュ乗数 μ と条件 $1 - \boldsymbol{w}^\top \boldsymbol{w} = 0$ の左辺の積である. 条件 $\|\boldsymbol{w}\| = 1$ のもとで $\boldsymbol{w}^\top S \boldsymbol{w}$ を最大化する問題は, ラグランジュ関数 $L(\boldsymbol{w}, \mu)$ を $\boldsymbol{w}$ と μ で偏微分した式

$$\frac{\partial L(\boldsymbol{w}, \mu)}{\partial \boldsymbol{w}} = \boldsymbol{0}, \quad \frac{\partial L(\boldsymbol{w}, \mu)}{\partial \mu} = 0$$

を満たす解 $\boldsymbol{w}, \mu$ を求める問題に帰着される. ベクトル $\boldsymbol{w} = \begin{pmatrix} w_1 \\ w_2 \\ \vdots \\ w_p \end{pmatrix}$ で偏微分した式 $\dfrac{\partial L(\boldsymbol{w}, \mu)}{\partial \boldsymbol{w}}$ は, $w_1, w_2, \ldots, w_p$ で偏微分したものを並べたベクトル

$$\begin{pmatrix} \dfrac{\partial L(\boldsymbol{w}, \mu)}{\partial w_1} \\ \dfrac{\partial L(\boldsymbol{w}, \mu)}{\partial w_2} \\ \vdots \\ \dfrac{\partial L(\boldsymbol{w}, \mu)}{\partial w_p} \end{pmatrix}$$ を表す.

ラグランジュ関数 (6.9) を $\boldsymbol{w}$ と μ で偏微分すると

$$\frac{\partial L(\boldsymbol{w}, \mu)}{\partial \boldsymbol{w}} = 2S\boldsymbol{w} - 2\mu\boldsymbol{w}, \quad \frac{\partial L(\boldsymbol{w}, \mu)}{\partial \mu} = 1 - \boldsymbol{w}^\top \boldsymbol{w}$$

となる (演習 6.2 参照). $\dfrac{\partial L(\boldsymbol{w}, \mu)}{\partial \boldsymbol{w}} = \boldsymbol{0}$, $\dfrac{\partial L(\boldsymbol{w}, \mu)}{\partial \mu} = 0$ より, ベクトル $\boldsymbol{w}$ とラグランジュ乗数 μ に対して

$$S\boldsymbol{w} = \mu\boldsymbol{w} \tag{6.10}$$

$$\boldsymbol{w}^\top \boldsymbol{w} = 1 \tag{6.11}$$

が成り立つ. 式 (6.11) は $\boldsymbol{w}$ が単位ベクトルであることを意味する. よって $\boldsymbol{w} \neq \boldsymbol{0}$ である. $\boldsymbol{w} \neq \boldsymbol{0}$ と合わせると, 式 (6.10) は行列 S の固有値と固有ベクトルの定義式 (4.7) そのものである.

最大化したい値である $\boldsymbol{w}^\top S \boldsymbol{w}$ に式 (6.10) と式 (6.11) を代入すると

$$\boldsymbol{w}^\top S \boldsymbol{w} = \boldsymbol{w}^\top (\mu \boldsymbol{w}) = \mu (\boldsymbol{w}^\top \boldsymbol{w}) = \mu \tag{6.12}$$

となる. 式 (6.10) より, ラグランジュ乗数 μ は S の固有値に一致する. 行列 S の固有値は重複を含めて p 個存在するが, その中で最大のものが $\boldsymbol{w}^\top S \boldsymbol{w}$ の最大値となる. したがって, S の最大の固有値を λ_1 とすると, ベクトル $\boldsymbol{w}$ は λ_1 に対応する単位固有ベクトルであることがわかる.

例 6.3 例 6.2 で計算した標本分散共分散行列

$$S = \begin{pmatrix} 0.4981 & 0.2121 & 0.4146 & 0.0995 \\ 0.2121 & 0.7261 & 0.3086 & 0.2925 \\ 0.4146 & 0.3086 & 0.5176 & 0.1320 \\ 0.0995 & 0.2925 & 0.1320 & 0.4025 \end{pmatrix}$$

の固有値をコンピュータで計算すると, 4 つの固有値

$$1.3146, \quad 0.5178, \quad 0.2277, \quad 0.0842$$

を得る. よって, 最大の固有値 λ_1 は 1.3146 である.

固有値 $\lambda_1 = 1.3146$ に対応する単位固有ベクトル $\boldsymbol{w}$ を計算すると

$$\boldsymbol{w} = \begin{pmatrix} 0.4733 \\ 0.6156 \\ 0.5387 \\ 0.3270 \end{pmatrix}$$

となる. ベクトル $\boldsymbol{w}$ を重みとして, 式 (6.2) を用いて新しい指標の評価値を作ると

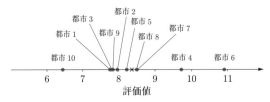

図 6.2　都市 1 から都市 10 の評価値．× 印は評価値の平均を表す．

$$y_1 = 7.7583, \quad y_2 = 7.9646, \quad y_3 = 7.7879, \quad y_4 = 9.7177, \quad y_5 = 8.2220,$$

$$y_6 = 10.903, \quad y_7 = 8.5051, \quad y_8 = 8.4971, \quad y_9 = 7.8434, \quad y_{10} = 6.4456$$

となる．

　これらの評価値を図示したものが図 6.2 である．分散を計算すると 1.3146 であり，最大の固有値 λ_1 に一致することが確認できる．実は，6.2 節で紹介した 2 種類の重み (A), (B) は $\|\boldsymbol{w}\| = 1$ を満たすように設定していた．分散の値を比較すると，1.3146 は (A) と (B) の場合に計算した分散より大きいので，今回得られた $\boldsymbol{w}$ の方が目的に合うものになっている．

6.5　主成分分析

　6.4 節では i 番目の都市に対する 4 次元の評価ベクトル $\boldsymbol{x}_i$ から 1 次元ベクトル（スカラー）y_i を作り，図 6.2 のように直線上で表現した．これは，各都市のデータを 4 次元空間から 1 次元の直線へ圧縮したと捉えることができる．高次元のデータを低次元の空間で表現すると視覚的に理解しやすくなる一方で，一部の情報が失われてしまう．次に，4 次元空間から 2 次元平面に圧縮することを考えよう．

　$p \times p$ 型の標本分散共分散行列 S に対して，$\boldsymbol{w}^\top S \boldsymbol{w}$ を最大にする p 次元の単位ベクトル $\boldsymbol{w}$ を $\boldsymbol{w}_1 = \begin{pmatrix} w_{11} \\ w_{12} \\ \vdots \\ w_{1p} \end{pmatrix}$ とおく．6.4 節で述べたように，$\boldsymbol{w}_1$ は S の最大の固有値に対応する固有ベクトルになる．この重み $\boldsymbol{w}_1$ と i 番目の都市に

対する評価ベクトル $\boldsymbol{x}_i = \begin{pmatrix} x_{i1} \\ x_{i2} \\ \vdots \\ x_{ip} \end{pmatrix}$ から作り出した新しい指標の評価値

$$\boldsymbol{w}_1^\top \boldsymbol{x}_i = \sum_{j=1}^{p} w_{1j} x_{ij}$$

を**第1主成分**とよぶ.

2次元平面に圧縮するひとつの方法として, 第1主成分を横軸とし, それと直交する縦軸をもつ2次元平面を考える. 2次元平面上でデータの違いを視覚的にわかりやすくするためには, 分散 $\boldsymbol{w}^\top S \boldsymbol{w}$ が大きくなるような縦軸を採用することが望ましい. このような縦軸は, ベクトル $\boldsymbol{w}_1$ と直交し, 分散 $\boldsymbol{w}^\top S \boldsymbol{w}$ を最大にする単位ベクトル $\boldsymbol{w}$ に対応する. つまり, 条件

$$1 - \boldsymbol{w}^\top \boldsymbol{w} = 0, \quad \boldsymbol{w}_1^\top \boldsymbol{w} = 0 \tag{6.13}$$

のもとで $\boldsymbol{w}^\top S \boldsymbol{w}$ を最大にする $\boldsymbol{w}$ を計算すればよい. この $\boldsymbol{w}$ を重みとして作られる評価値 $\boldsymbol{w}^\top \boldsymbol{x}_i$ を**第2主成分**という.

6.4節で第1主成分を求めたときと同様にして, ラグランジュの未定乗数法を用いて $\boldsymbol{w}$ を求める. 式(6.13)で示したように条件が2つあるため, 今回は2つのラグランジュ乗数 μ, γ を導入する. ラグランジュ関数を

$$L(\boldsymbol{w}, \mu, \gamma) = \boldsymbol{w}^\top S \boldsymbol{w} + \mu(1 - \boldsymbol{w}^\top \boldsymbol{w}) + \gamma \boldsymbol{w}_1^\top \boldsymbol{w}$$

とおく. 第2項が条件 $1 - \boldsymbol{w}^\top \boldsymbol{w} = 0$ に対応し, 第3項が条件 $\boldsymbol{w}_1^\top \boldsymbol{w} = 0$ に対応する. このとき

$$\frac{\partial L(\boldsymbol{w}, \mu, \gamma)}{\partial \boldsymbol{w}} = \boldsymbol{0}, \quad \frac{\partial L(\boldsymbol{w}, \mu, \gamma)}{\partial \mu} = 0, \quad \frac{\partial L(\boldsymbol{w}, \mu, \gamma)}{\partial \gamma} = 0$$

を満たす $\boldsymbol{w}, \mu, \gamma$ を求めればよい. 2つ目と3つ目は式(6.13)そのものである.

1つ目の式を計算すると

$$2S\boldsymbol{w} - 2\mu\boldsymbol{w} + \gamma\boldsymbol{w}_1 = \boldsymbol{0} \tag{6.14}$$

となる. 両辺に左から $\boldsymbol{w}_1^\top$ を掛けると

$$2\boldsymbol{w}_1^\top S\boldsymbol{w} - 2\mu\boldsymbol{w}_1^\top \boldsymbol{w} + \gamma\boldsymbol{w}_1^\top \boldsymbol{w}_1 = 0$$

となる. ここで, $\boldsymbol{w}_1$ は単位ベクトルなので $\boldsymbol{w}_1^\top \boldsymbol{w}_1 = 1$ である. さらに式 (6.13) より $\boldsymbol{w}_1^\top \boldsymbol{w} = 0$ なので

$$2\boldsymbol{w}_1^\top S\boldsymbol{w} + \gamma = 0 \tag{6.15}$$

となる. $\boldsymbol{w}_1$ は S の最大の固有値 λ_1 に対応する固有ベクトルであるため,

$$S\boldsymbol{w}_1 = \lambda_1 \boldsymbol{w}_1$$

が成り立つ. 行列 S が対称行列であることに注意して, 両辺の転置をとると

$$\boldsymbol{w}_1^\top S = \lambda_1 \boldsymbol{w}_1^\top$$

となる. これを式(6.15)に代入すると

$$2(\lambda_1 \boldsymbol{w}_1^\top)\boldsymbol{w} + \gamma = 0 \iff 2\lambda_1 \boldsymbol{w}_1^\top \boldsymbol{w} + \gamma = 0$$

を得る. 式(6.13)より $\boldsymbol{w}_1^\top \boldsymbol{w} = 0$ なので, 最終的に

$$\gamma = 0$$

が導かれる. これを式(6.14)に代入すると

$$2S\boldsymbol{w} - 2\mu\boldsymbol{w} = \boldsymbol{0} \iff S\boldsymbol{w} = \mu\boldsymbol{w}$$

となる. よって, μ は行列 S の固有値であり, 求めたいベクトル $\boldsymbol{w}$ は μ に対応する固有ベクトルであることがわかる.

式(6.12)で確認したように, 最大化したい値について $\boldsymbol{w}^\top S\boldsymbol{w} = \mu$ が成り立つ. 式(6.13)の条件があるので, ベクトル $\boldsymbol{w}_1$ と直交する単位ベクトルの中で S の固有値 μ を最大化する. 行列 S は対称行列なので, $\boldsymbol{w}_1$ 以外の固有ベクトルはすべて $\boldsymbol{w}_1$ と直交する(4.6 節参照). したがって, $\boldsymbol{w}_1$ と直交する単位ベクトルの中で固有値 μ を最大化すると, 2 番目に大きい固有値となる. 2 番目に大きい固有値を λ_2 とおくと, $\boldsymbol{w}$ は λ_2 に対応する単位固有ベクトルである.

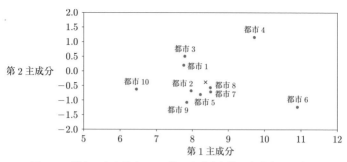

図 6.3 都市 1 から都市 10 の第 1 主成分と第 2 主成分. × 印は
評価値の平均を表す.

例 6.4 例 6.3 で計算したように,標本分散共分散行列 S の 2 番目に大きい
固有値 λ_2 は 0.5178 である. 固有値 $\lambda_2 = 0.5178$ に対応する単位固有ベクトル
$\boldsymbol{w}$ を計算すると

$$\boldsymbol{w} = \begin{pmatrix} -0.5579 \\ 0.5566 \\ -0.4194 \\ 0.4506 \end{pmatrix}$$

を得る. ベクトル $\boldsymbol{w}$ を重みとする新しい評価値は

$y_1 = 0.2034, \ y_2 = -0.6783, \ y_3 = 0.5100, \ y_4 = 1.1582, \ y_5 = -0.8033,$

$y_6 = -1.2300, \ y_7 = -0.7134, \ y_8 = -0.5700, \ y_9 = -1.0731, \ y_{10} = -0.6271$

となる. 例 6.3 で計算した評価値(第 1 主成分)を横軸の値,今回求めた評価
値(第 2 主成分)を縦軸の値として 10 個の都市を平面上に図示すると図 6.3 の
ようになる.

同様にして,第 3 主成分や第 4 主成分も計算することができる. 第 k 主成
分は,標本分散共分散行列 S の k 番目に大きい固有値 λ_k に対応する単位固有
ベクトル $\boldsymbol{w}_k$ を重みとして作られる評価値 $\boldsymbol{w}_k^\top \boldsymbol{x}_i$ になる.

今までの議論をふまえて表 6.1 にある 10 個の都市を分析しよう．例 6.3 と例 6.4 で計算したように，第 1 主成分と第 2 主成分に対応する固有ベクトル $\boldsymbol{w}_1, \boldsymbol{w}_2$ は

$$\boldsymbol{w}_1 = \begin{pmatrix} 0.4733 \\ 0.6156 \\ 0.5387 \\ 0.3270 \end{pmatrix}, \quad \boldsymbol{w}_2 = \begin{pmatrix} -0.5579 \\ 0.5566 \\ -0.4194 \\ 0.4506 \end{pmatrix}$$

であった．よって，都市の評価ベクトル $\boldsymbol{x} = \begin{pmatrix} x_1 \\ x_2 \\ x_3 \\ x_4 \end{pmatrix}$ に対する新しい評価指標 z_1, z_2 は

$$z_1 = \boldsymbol{w}_1^\top \boldsymbol{x} = 0.4733x_1 + 0.6156x_2 + 0.5387x_3 + 0.3270x_4$$
$$z_2 = \boldsymbol{w}_2^\top \boldsymbol{x} = -0.5579x_1 + 0.5566x_2 - 0.4194x_3 + 0.4506x_4$$

となる．

都市の評価ベクトル $\boldsymbol{x}$ の各成分 x_1, x_2, x_3, x_4 が「生活の利便性」，「安心・安全」，「医療・介護」，「教育」に対応していたことを思い出そう．評価指標 z_1 では x_1 から x_4 のすべての係数が正であるため，都市の総合評価を表している．評価指標 z_2 では，「安心・安全」と「教育」に対応する係数が正であり，「生活の利便性」と「医療・介護」に対応する係数が負になっている．「安心・安全」と「教育」は子育てにおいて重視される項目であるため，評価指標 z_2 は「子育ての環境」を意味すると解釈できる．このように，表 6.1 にある評価値の線形結合を考えることで，新しい評価指標を作り出すことができる．

図 6.3 をみると，都市 4 は「総合評価」と「子育ての環境」の評価がともに高いことがわかる．一方，都市 6 は「総合評価」は高いにもかかわらず「子育ての環境」の評価が非常に低くなっている．また，都市 1 と都市 3 では

「総合評価」はそれほど高くないが「子育ての環境」の評価はよい．主成分分析を利用すると，表 6.1 にある数値を見比べるだけでは見過ごしてしまう情報を抽出することができる．

── 6.7　情報損失の基準

　主成分分析では高次元のデータを低次元の空間で表現するため，情報が失われている．低次元の空間でどのくらいの情報を表現できているかは，固有値を用いて測ることができる．

　$p \times p$ 型の標本分散共分散行列 S の p 個の固有値を

$$\lambda_1, \ \lambda_2, \ \dots, \ \lambda_p \qquad (\text{ただし } \lambda_1 \geq \lambda_2 \geq \dots \geq \lambda_p)$$

とおく．第 k 主成分に含まれている情報の量は

$$\frac{\lambda_k}{\lambda_1 + \lambda_2 + \dots + \lambda_p}$$

によって測ることができる．この値を**寄与率**という．第 1 主成分から第 k 主成分までを用いてデータを表現した場合，寄与率の和である**累積寄与率**

$$\frac{\lambda_1 + \lambda_2 + \dots + \lambda_k}{\lambda_1 + \lambda_2 + \dots + \lambda_k + \dots + \lambda_p}$$

で評価される．

　例 6.5　例 6.3 で計算した第 1 主成分の寄与率は

$$\frac{1.3146}{1.3146 + 0.5178 + 0.2277 + 0.0842} \approx 0.6131$$

より，約 61.31% である．例 6.4 で計算した第 2 主成分の寄与率は

$$\frac{0.5178}{1.3146 + 0.5178 + 0.2277 + 0.0842} \approx 0.2415$$

より，約 24.15% である．第 2 主成分までの累積寄与率は

$$\frac{1.3146 + 0.5178}{1.3146 + 0.5178 + 0.2277 + 0.0842} \approx 0.8545$$

となり，2つの主成分だけでもとの情報の約 85.45% を含んでいることになる．

　表6.1 では4つの指標「生活の利便性」，「安心・安全」，「医療・介護」，「教育」を利用していた．一方，これらの線形結合により作成した新たな指標である「総合評価」と「子育ての環境」を用いると，2つの指標だけでもとのデータの約 85.45% を説明することができる．

コラム　正定値行列と半正定値行列

　6.3 節で定義した標本分散共分散行列は対称行列であった．対称行列の固有値はすべて実数になるので（演習 4.4(2) 参照），標本分散共分散行列の固有値もすべて実数である．実は，これらの固有値がすべて 0 以上になることも証明できる．6.7 節では，標本分散共分散行列の固有値を用いて第 k 主成分に含まれる情報量の寄与率を定義した．寄与率の分子に現れる値が 0 以上であることは自然である．

　固有値がすべて 0 以上になる対称行列は応用上さまざまな場面で現れる．このような行列を半正定値行列という．ここでは正定値行列と半正定値行列を紹介する．これらの行列は，補論 A.5 で言及する凸関数の特徴づけにも利用される（詳細は文献 [21] 参照）．

　まず正定値行列を定義する．対称行列 A が

$$\text{任意のベクトル } \boldsymbol{x} \neq \boldsymbol{0} \text{ に対して } \boldsymbol{x}^\top A \boldsymbol{x} > 0 \tag{6.16}$$

を満たすとき，A を**正定値行列**とよぶ．対称行列 A が正定値行列であることと，A の固有値がすべて正であることは同値である（証明は文献 [9] 参照）．

　半正定値行列の定義は，式(6.16)の $\boldsymbol{x}^\top A \boldsymbol{x} > 0$ を $\boldsymbol{x}^\top A \boldsymbol{x} \geq 0$ にするだけである．具体的には，対称行列 A が

$$\text{任意のベクトル } \boldsymbol{x} \neq \boldsymbol{0} \text{ に対して } \boldsymbol{x}^\top A \boldsymbol{x} \geq 0 \tag{6.17}$$

を満たすとき，A を**半正定値行列**とよぶ．$\boldsymbol{x} = \boldsymbol{0}$ のとき $\boldsymbol{x}^\top A \boldsymbol{x} = 0$ なので，式(6.17)の条件 $\boldsymbol{x} \neq \boldsymbol{0}$ をはずして

$$\text{任意のベクトル } \boldsymbol{x} \text{ に対して } \boldsymbol{x}^\top A \boldsymbol{x} \geq 0$$

と定義してもよい. 対称行列 A が半正定値行列であることと, A の固有値がすべて 0 以上であることは同値である(証明は文献 [9] 参照).

最後に, $p \times p$ 型の標本分散共分散行列が半正定値行列であることを証明しよう. 式 (6.8) にあるように, 標本分散共分散行列 S の (j,k) 成分は

$$s_{jk} = \frac{1}{n} \sum_{i=1}^{n} (x_{ij} - \bar{x}_j)(x_{ik} - \bar{x}_k)$$

で定義される. したがって, 行列 S は

$$S = \frac{1}{n} \begin{pmatrix} x_{11}-\bar{x}_1 & x_{21}-\bar{x}_1 & \cdots & x_{n1}-\bar{x}_1 \\ \vdots & \vdots & & \vdots \\ x_{1j}-\bar{x}_j & x_{2j}-\bar{x}_j & \cdots & x_{nj}-\bar{x}_j \\ \vdots & \vdots & & \vdots \\ x_{1p}-\bar{x}_p & x_{2p}-\bar{x}_p & \cdots & x_{np}-\bar{x}_p \end{pmatrix} \begin{pmatrix} x_{11}-\bar{x}_1 & \cdots & x_{1k}-\bar{x}_k & \cdots & x_{1p}-\bar{x}_p \\ x_{21}-\bar{x}_1 & \cdots & x_{2k}-\bar{x}_k & \cdots & x_{2p}-\bar{x}_p \\ \vdots & & \vdots & & \vdots \\ x_{n1}-\bar{x}_1 & \cdots & x_{nk}-\bar{x}_k & \cdots & x_{np}-\bar{x}_p \end{pmatrix}$$

と書ける. 右の行列を Z とおくと, 左の行列は Z の転置行列なので

$$S = \frac{1}{n} Z^\top Z$$

となる. 標本分散共分散行列 S は対称行列であり, 任意のベクトル $\boldsymbol{x} \neq \boldsymbol{0}$ に対して

$$\boldsymbol{x}^\top S \boldsymbol{x} = \boldsymbol{x}^\top \left(\frac{1}{n} Z^\top Z \right) \boldsymbol{x} = \frac{1}{n} (Z\boldsymbol{x})^\top (Z\boldsymbol{x}) = \frac{1}{n} \|Z\boldsymbol{x}\|^2 \geq 0$$

が成り立つ. よって, 半正定値行列の定義 (6.17) より, 標本分散共分散行列 S は半正定値行列である.

6.8 演習問題

演習 6.1 以下の表は高校生 4 名の国語と数学の成績である.

	A さん	B さん	C さん	D さん
国語	50	60	100	70
数学	100	70	50	60

主成分分析を用いて 4 名の成績を考察したい．このとき以下の問いに答えよ．

（1）標本分散共分散行列 S を計算せよ．

（2）行列 S の固有値を計算せよ．

（3）行列 S の最大の固有値に対応する単位固有ベクトルを計算せよ．

（4）第 1 主成分が表すものを説明せよ．さらに，A さんから D さんの第 1 主成分を計算し，第 1 主成分の解釈に基づいて考察せよ．

（5）第 1 主成分の寄与率を計算せよ．

演習 6.2　2 次元ベクトル $\boldsymbol{w} = \begin{pmatrix} w_1 \\ w_2 \end{pmatrix}$ と 2×2 型の対称行列 $S = \begin{pmatrix} s_1 & s_2 \\ s_2 & s_3 \end{pmatrix}$ に対して，式 (6.9) のラグランジュ関数 $L(\boldsymbol{w}, \mu) = \boldsymbol{w}^\top S \boldsymbol{w} + \mu(1 - \boldsymbol{w}^\top \boldsymbol{w})$ を考える．以下の問いに答えよ．

（1）$L(\boldsymbol{w}, \mu)$ を $\mu, w_1, w_2, s_1, s_2, s_3$ を用いて表せ．

（2）$\dfrac{\partial L(\boldsymbol{w}, \mu)}{\partial \mu}$ を計算し，w_1, w_2 を用いて書け．

（3）$\dfrac{\partial L(\boldsymbol{w}, \mu)}{\partial \boldsymbol{w}}$ を計算し，$\mu, w_1, w_2, s_1, s_2, s_3$ を用いて書け．ただし，
$$\frac{\partial L(\boldsymbol{w}, \mu)}{\partial \boldsymbol{w}} = \begin{pmatrix} \dfrac{\partial L(\boldsymbol{w}, \mu)}{\partial w_1} \\ \dfrac{\partial L(\boldsymbol{w}, \mu)}{\partial w_2} \end{pmatrix}$$ である．

（4）$\dfrac{\partial L(\boldsymbol{w}, \mu)}{\partial \mu}$ と $\dfrac{\partial L(\boldsymbol{w}, \mu)}{\partial \boldsymbol{w}}$ を $\mu, \boldsymbol{w}, S$ を用いて表せ．

演習 6.3　A を $m \times n$ 型行列とする．$A^\top A$ が半正定値行列であることを証明せよ．

行列の分解と
画像処理への応用

7

写真をはじめとするデジタル画像のデータは行列で表現することができる．本章では，ひとつの行列を複数の行列の積に分解する手法を用いて画像データを圧縮する方法を紹介する．

7.1　画像データの圧縮

図 7.1 はデジタルカメラで撮影したモノクロ写真である．図 7.2 は図 7.1 と同じものにみえるが，実は図 7.1 の画像データを圧縮したものである．2 つの画像の差は，これらの画像データを表現する行列の階数に現れる．

図 7.1 の写真の一部を拡大すると図 7.3 左のようになる．図 7.3 左をみると，縦 8 個，横 8 個，計 64 個の正方形が並んでいる．この正方形をピクセル（画素）とよぶ．白黒の濃淡を表現するグレースケール画像では，各ピクセルが色の情報を 0 以上 255 以下の数値としてもつ．0 が黒，255 が白に対応し，その間の数値は灰色の濃淡の度合いを表す．図 7.3 左の各ピクセルを行列の成分に対応させて，8×8 型行列で記述すると図 7.3 右のようになる．実際，この行列の左下の成分 41 に対応するピクセルを左図で確認すると黒に近い色であり，147 に対応する真上のピクセルより黒くなっている．

図 7.1 と図 7.2 はどちらも 800×600 型行列を用いて表現されている．2 つ

図 7.1　写真(階数 600).　　**図 7.2**　階数の小さい行列による
近似(階数 100).

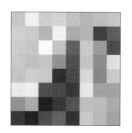
$$\begin{pmatrix} 195 & 232 & 204 & 210 & 193 & 182 & 189 & 196 \\ 204 & 200 & 180 & 235 & 174 & 182 & 53 & 87 \\ 202 & 197 & 244 & 197 & 96 & 203 & 160 & 64 \\ 199 & 192 & 198 & 152 & 79 & 198 & 142 & 222 \\ 194 & 206 & 206 & 38 & 70 & 216 & 138 & 201 \\ 230 & 235 & 78 & 71 & 48 & 229 & 166 & 163 \\ 147 & 176 & 17 & 49 & 81 & 191 & 188 & 171 \\ 41 & 15 & 72 & 101 & 39 & 199 & 183 & 162 \end{pmatrix}$$

図 7.3　写真の一部を拡大した図とその行列表現.

の画像データを表現する行列の型は同じだが,図 7.1 の行列の階数は 600,図
7.2 の行列の階数は 100 となり,2 つの行列の階数は大きく異なる.次の 7.2
節では特異値分解という行列の分解手法を用いて,与えられた行列を階数の小
さい行列で近似する方法を紹介する.

7.2　特異値分解と低ランク近似

　はじめに 4.6 節で紹介した対称行列の対角化を思い出そう.対称行列の対
角化では,$n \times n$ 型の対称行列 L に対して直交行列 Q を適切に選ぶことで

$$Q^\top L Q = \begin{pmatrix} a_1 & 0 & \cdots & 0 \\ 0 & a_2 & \ddots & \vdots \\ \vdots & \ddots & \ddots & 0 \\ 0 & \cdots & 0 & a_n \end{pmatrix}$$

のように計算して対角行列にすることができた. 3.8 節で紹介した直交行列の性質 1 $(QQ^\top = Q^\top Q = I)$ を利用すると,両辺に左から Q,右から $Q^\top$ を掛けることで

$$L = Q \begin{pmatrix} a_1 & 0 & \cdots & 0 \\ 0 & a_2 & \ddots & \vdots \\ \vdots & \ddots & \ddots & 0 \\ 0 & \cdots & 0 & a_n \end{pmatrix} Q^\top \tag{7.1}$$

と変形できる. これは,対称行列 L を 3 つの行列

$$Q, \quad \begin{pmatrix} a_1 & 0 & \cdots & 0 \\ 0 & a_2 & \ddots & \vdots \\ \vdots & \ddots & \ddots & 0 \\ 0 & \cdots & 0 & a_n \end{pmatrix}, \quad Q^\top$$

の積に分解したとみなすことができる.

　上の例のように,与えられた行列を複数の行列の積に分解する手法は他にもいくつか存在する. ここでは,行列の分解手法の中でよく利用されている特異値分解を紹介する.

　行列 A を $m \times n$ 型行列とし,A の階数を r とする. このとき $r \leq m, r \leq n$ が成り立つことに注意しよう. 特異値分解では行列 A を

$$A = U\Sigma V^\top \tag{7.2}$$

のように,3 つの行列 $U, \Sigma, V^\top$(V の転置行列)の積で表現する. ここで,U は $m \times m$ 型の直交行列,V は $n \times n$ 型の直交行列である. Σ は $m \times n$ 型行列であり,

$$\Sigma = \begin{pmatrix} \begin{array}{cccc|c} \sigma_1 & 0 & \cdots & 0 & \\ 0 & \sigma_2 & \ddots & \vdots & O \\ \vdots & \ddots & \ddots & 0 & \\ 0 & \cdots & 0 & \sigma_r & \\ \hline & O & & & O \end{array} \end{pmatrix}, \quad \sigma_1 \geq \sigma_2 \geq \cdots \geq \sigma_r > 0 \qquad (7.3)$$

のように，左上が $r \times r$ 型の対角行列 $\begin{pmatrix} \sigma_1 & 0 & \cdots & 0 \\ 0 & \sigma_2 & \ddots & \vdots \\ \vdots & \ddots & \ddots & 0 \\ 0 & \cdots & 0 & \sigma_r \end{pmatrix}$，それ以外の成分

がすべて0の行列として表現される．対角行列の r 個の対角成分 $\sigma_1, \sigma_2, \ldots,$ σ_r はすべて正の実数であり，降順(大きい順)に並んでいる．$\sigma_1, \sigma_2, \ldots, \sigma_r$ を A の**特異値**とよび，式(7.2)を A の**特異値分解**とよぶ．直交行列 U, V は必ずしも一意には定まらないが，特異値は一意に定まる(7.5 節参照)．

いま，行列 U の i 番目の列ベクトルを $\boldsymbol{u}_i$，行列 V の i 番目の列ベクトルを $\boldsymbol{v}_i$ とおく．このとき

$$U = \begin{pmatrix} \boldsymbol{u}_1 & \boldsymbol{u}_2 & \cdots & \boldsymbol{u}_m \end{pmatrix}$$
$$V = \begin{pmatrix} \boldsymbol{v}_1 & \boldsymbol{v}_2 & \cdots & \boldsymbol{v}_n \end{pmatrix}$$

と表される．よって，式(7.2)は

$$A = \begin{pmatrix} \boldsymbol{u}_1 & \boldsymbol{u}_2 & \cdots & \boldsymbol{u}_r & \cdots & \boldsymbol{u}_m \end{pmatrix} \begin{pmatrix} \begin{array}{cccc|c} \sigma_1 & 0 & \cdots & 0 & \\ 0 & \sigma_2 & \ddots & \vdots & O \\ \vdots & \ddots & \ddots & 0 & \\ 0 & \cdots & 0 & \sigma_r & \\ \hline & O & & & O \end{array} \end{pmatrix} \begin{pmatrix} \boldsymbol{v}_1^\top \\ \boldsymbol{v}_2^\top \\ \vdots \\ \boldsymbol{v}_r^\top \\ \vdots \\ \boldsymbol{v}_n^\top \end{pmatrix}$$

$$= \begin{pmatrix} \sigma_1 \boldsymbol{u}_1 & \sigma_2 \boldsymbol{u}_2 & \cdots & \sigma_r \boldsymbol{u}_r & \boldsymbol{0} & \cdots & \boldsymbol{0} \end{pmatrix} \begin{pmatrix} \boldsymbol{v}_1^\top \\ \boldsymbol{v}_2^\top \\ \vdots \\ \boldsymbol{v}_r^\top \\ \vdots \\ \boldsymbol{v}_n^\top \end{pmatrix}$$

$$= \sigma_1 \boldsymbol{u}_1 \boldsymbol{v}_1^\top + \sigma_2 \boldsymbol{u}_2 \boldsymbol{v}_2^\top + \cdots + \sigma_r \boldsymbol{u}_r \boldsymbol{v}_r^\top$$

のように変形できるので,

$$A = \sum_{i=1}^{r} \sigma_i \boldsymbol{u}_i \boldsymbol{v}_i^\top \tag{7.4}$$

と書き直せる.

式(7.4)では, ベクトル $\boldsymbol{u}_i$ は m 次元の縦ベクトル, $\boldsymbol{v}_i^\top$ は n 次元の横ベクトルであることに注意する. したがって, それらの積 $\boldsymbol{u}_i \boldsymbol{v}_i^\top$ は $m \times n$ 型行列となる. ここで $B_i = \boldsymbol{u}_i \boldsymbol{v}_i^\top$ とおくと

$$A = \sum_{i=1}^{r} \sigma_i B_i \tag{7.5}$$

と書ける. 右辺は r 個の行列 $B_1, B_2, \ldots, B_r$ に対して特異値 $\sigma_1, \sigma_2, \ldots, \sigma_r$ という正の重みを掛けて和をとったものになっている.

いま k を行列 A の階数 r 以下の整数として, A を階数 k の行列で近似することを考えよう. 式(7.3)より, 重み σ_i は降順 $\sigma_1 \geq \sigma_2 \geq \cdots \geq \sigma_r$ に並んでいる. 式(7.5)で σ_i の大きい順に k 個の項をとると

$$A \approx \sum_{i=1}^{k} \sigma_i B_i = \sum_{i=1}^{k} \sigma_i \boldsymbol{u}_i \boldsymbol{v}_i^\top \tag{7.6}$$

となり, 右辺 $\sum_{i=1}^{k} \sigma_i \boldsymbol{u}_i \boldsymbol{v}_i^\top$ は行列 A の近似になる. $k \leq r$ の場合にこの行列の階数が k であることは簡単に証明できる(証明は文献 [4] 参照). k が小さければ行列 $\sum_{i=1}^{k} \sigma_i \boldsymbol{u}_i \boldsymbol{v}_i^\top$ の階数(ランク)も小さいので, $\sum_{i=1}^{k} \sigma_i \boldsymbol{u}_i \boldsymbol{v}_i^\top$ は行列 A の**低ランク近似**とよばれる.

$m \times n$ 型行列 A を記憶するためには, 行列の成分に対応する mn 個の数値を保持する必要がある. 一方, 低ランク近似では

- k 個のスカラー $\sigma_1, \sigma_2, \ldots, \sigma_k$
- k 個の m 次元ベクトル $\boldsymbol{u}_1, \boldsymbol{u}_2, \ldots, \boldsymbol{u}_k$
- k 個の n 次元ベクトル $\boldsymbol{v}_1, \boldsymbol{v}_2, \ldots, \boldsymbol{v}_k$

をデータとして保持すれば,近似した行列 $\sum_{i=1}^{k} \sigma_i \boldsymbol{u}_i \boldsymbol{v}_i^{\top}$ を計算できる.全部で $k(m+n+1)$ 個の数値をもつだけでよいので,k が小さければ mn よりもはるかに少ないデータ量になる.

最後に,低ランク近似とフロベニウスノルムの関係について説明する.行列 A を階数 k の行列 Z で近似する問題を考えよう.行列 A と行列 Z の近さを測るために 3.7 節で紹介したフロベニウスノルムを利用する.行列 A を近似する問題は,フロベニウスノルム $\|A-Z\|_{\mathrm{F}}$ を最小にする階数 k の行列 Z を求める問題と言い換えられる.定理 7.1 で述べるように,実は,行列 A の低ランク近似 $\sum_{i=1}^{k} \sigma_i \boldsymbol{u}_i \boldsymbol{v}_i^{\top}$ はこの問題の解になる.定理 7.1 の証明は文献 [12] を参照してほしい.

定理 7.1

A を $m \times n$ 型行列とし,A の階数を r とする.行列 A の特異値分解が $A = U\Sigma V^{\top}$ であるとき,$1 \leq k \leq r$ に対して

$$A_k = \sum_{i=1}^{k} \sigma_i \boldsymbol{u}_i \boldsymbol{v}_i^{\top}$$

とおく.このとき,A_k はフロベニウスノルム $\|A-Z\|_{\mathrm{F}}$ を最小にする階数 k の行列 Z を求める問題の解になる.さらに,$k<r$ のときには

$$\|A - A_k\|_{\mathrm{F}} = \sqrt{\sum_{i=k+1}^{r} \sigma_i^2} \tag{7.7}$$

が成り立つ.

7.3 特異値分解の適用

図 7.4 は数字の 6 を手で書いたときの画像とその行列表現である．この画像は，手書き数字のデータベースである The MNIST database の画像のサイズを変更して作成した．図 7.4 の 8×8 型行列を特異値分解してみよう．特異値分解 (7.2) の行列 $U, \Sigma, V^\top$ をコンピュータを用いて具体的に計算すると

$$U = \begin{pmatrix} -0.4001 & 0.4725 & 0.1197 & 0.1217 & 0.2229 & -0.5275 & -0.1480 & -0.4875 \\ -0.3459 & -0.0179 & 0.5543 & -0.4469 & -0.5962 & -0.0075 & 0.1317 & -0.0134 \\ -0.3600 & -0.0308 & -0.3791 & -0.2759 & 0.1620 & 0.4764 & 0.4230 & -0.4663 \\ -0.3604 & -0.1075 & -0.4787 & 0.4923 & -0.6125 & -0.0914 & -0.0505 & 0.0312 \\ -0.2895 & -0.6398 & 0.1821 & 0.0467 & 0.1922 & 0.1570 & -0.5990 & -0.2262 \\ -0.3113 & -0.3115 & 0.3308 & 0.4252 & 0.3049 & -0.1320 & 0.5878 & 0.2447 \\ -0.3454 & -0.1357 & -0.3862 & -0.5123 & 0.2084 & -0.4073 & -0.0690 & 0.4864 \\ -0.4009 & 0.4890 & 0.1174 & 0.1468 & 0.1420 & 0.5276 & -0.2649 & 0.4429 \end{pmatrix}$$

$$\Sigma = \begin{pmatrix} 1727.4176 & 0 & 0 & 0 & 0 & 0 & 0 & 0 \\ 0 & 297.3305 & 0 & 0 & 0 & 0 & 0 & 0 \\ 0 & 0 & 256.1147 & 0 & 0 & 0 & 0 & 0 \\ 0 & 0 & 0 & 211.2462 & 0 & 0 & 0 & 0 \\ 0 & 0 & 0 & 0 & 49.8838 & 0 & 0 & 0 \\ 0 & 0 & 0 & 0 & 0 & 16.2636 & 0 & 0 \\ 0 & 0 & 0 & 0 & 0 & 0 & 9.9114 & 0 \\ 0 & 0 & 0 & 0 & 0 & 0 & 0 & 4.3638 \end{pmatrix}$$

$$V^\top = \begin{pmatrix} -0.4040 & -0.4122 & -0.3699 & -0.2157 & -0.2574 & -0.2933 & -0.4062 & -0.4078 \\ -0.2388 & -0.2458 & 0.1068 & 0.6532 & 0.2506 & 0.5133 & -0.2549 & -0.2308 \\ 0.0709 & 0.0580 & -0.1803 & 0.6531 & 0.0983 & -0.7151 & 0.0439 & 0.0977 \\ -0.0994 & -0.0054 & -0.2233 & -0.2936 & 0.9180 & -0.0995 & -0.0361 & -0.0102 \\ 0.2189 & 0.0730 & -0.8399 & 0.0954 & -0.1110 & 0.3489 & -0.0666 & 0.3062 \\ 0.4857 & -0.4620 & 0.2287 & -0.0694 & 0.0565 & -0.0823 & -0.5666 & 0.4030 \\ -0.4067 & 0.6170 & 0.1031 & -0.0124 & -0.0415 & -0.0257 & -0.5830 & 0.3177 \\ 0.5618 & 0.4084 & -0.0332 & 0.0020 & 0.0358 & -0.0035 & -0.3185 & -0.6432 \end{pmatrix}$$

を得る．

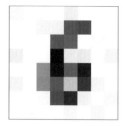

$$\begin{pmatrix} 243 & 255 & 248 & 255 & 238 & 255 & 251 & 253 \\ 255 & 255 & 241 & 243 & 83 & 70 & 255 & 251 \\ 255 & 252 & 255 & 82 & 94 & 255 & 246 & 255 \\ 233 & 255 & 251 & 0 & 239 & 233 & 255 & 238 \\ 255 & 251 & 146 & 12 & 94 & 18 & 255 & 255 \\ 237 & 255 & 141 & 86 & 204 & 46 & 239 & 253 \\ 255 & 255 & 248 & 71 & 33 & 240 & 255 & 243 \\ 252 & 247 & 255 & 255 & 246 & 255 & 240 & 255 \end{pmatrix}$$

図 7.4　手書き数字の 6 とその行列表現.

行列 $\sum_{i=1}^{k} \sigma_i \boldsymbol{u}_i \boldsymbol{v}_i^{\top}$ を計算するためには，行列 U, V の 1 番目から k 番目までの列ベクトルと，行列 Σ の 1 番目から k 番目までの対角成分(特異値)を抽出すればよい．$k = 1, 2, \ldots, 8$ についてこの値を実際に計算してみよう．$k = 1$ の場合は，行列 U, V の 1 番目の列ベクトルと 1 番目の特異値だけを利用して

$$\sigma_1 \boldsymbol{u}_1 \boldsymbol{v}_1^{\top} = 1727.4176 \times \begin{pmatrix} -0.4001 \\ -0.3459 \\ -0.3600 \\ -0.3604 \\ -0.2895 \\ -0.3113 \\ -0.3454 \\ -0.4009 \end{pmatrix} \begin{pmatrix} -0.4040 \\ -0.4122 \\ -0.3699 \\ -0.2157 \\ -0.2574 \\ -0.2933 \\ -0.4062 \\ -0.4078 \end{pmatrix}^{\top}$$

を計算する．$k = 2$ の場合は，2 番目までの列ベクトルと特異値を利用して

$$\sigma_1 \boldsymbol{u}_1 \boldsymbol{v}_1^{\top} + \sigma_2 \boldsymbol{u}_2 \boldsymbol{v}_2^{\top}$$

$$= 1727.4176 \times \begin{pmatrix} -0.4001 \\ -0.3459 \\ -0.3600 \\ -0.3604 \\ -0.2895 \\ -0.3113 \\ -0.3454 \\ -0.4009 \end{pmatrix} \begin{pmatrix} -0.4040 \\ -0.4122 \\ -0.3699 \\ -0.2157 \\ -0.2574 \\ -0.2933 \\ -0.4062 \\ -0.4078 \end{pmatrix}^{\top} + 297.3305 \times \begin{pmatrix} 0.4725 \\ -0.0179 \\ -0.0308 \\ -0.1075 \\ -0.6398 \\ -0.3115 \\ -0.1357 \\ 0.4890 \end{pmatrix} \begin{pmatrix} -0.2388 \\ -0.2458 \\ 0.1068 \\ 0.6532 \\ 0.2506 \\ 0.5133 \\ -0.2549 \\ -0.2308 \end{pmatrix}^{\top}$$

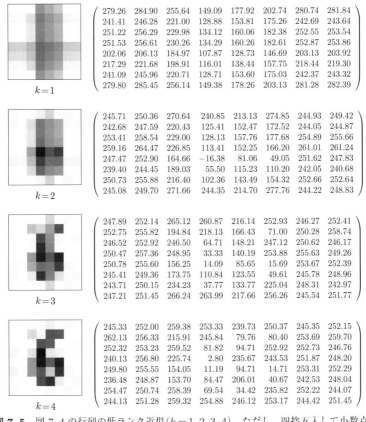

$$\begin{pmatrix}
279.26 & 284.90 & 255.64 & 149.09 & 177.92 & 202.74 & 280.74 & 281.84 \\
241.41 & 246.28 & 221.00 & 128.88 & 153.81 & 175.26 & 242.69 & 243.64 \\
251.22 & 256.29 & 229.98 & 134.12 & 160.06 & 182.38 & 252.55 & 253.54 \\
251.53 & 256.61 & 230.26 & 134.29 & 160.26 & 182.61 & 252.87 & 253.86 \\
202.06 & 206.13 & 184.97 & 107.87 & 128.73 & 146.69 & 203.13 & 203.92 \\
217.29 & 221.68 & 198.91 & 116.01 & 138.44 & 157.75 & 218.44 & 219.30 \\
241.09 & 245.96 & 220.71 & 128.71 & 153.60 & 175.03 & 242.37 & 243.32 \\
279.80 & 285.45 & 256.14 & 149.38 & 178.26 & 203.13 & 281.28 & 282.39
\end{pmatrix}$$

$k = 1$

$$\begin{pmatrix}
245.71 & 250.36 & 270.64 & 240.85 & 213.13 & 274.85 & 244.93 & 249.42 \\
242.68 & 247.59 & 220.43 & 125.41 & 152.47 & 172.52 & 244.05 & 244.87 \\
253.41 & 258.54 & 229.00 & 128.13 & 157.76 & 177.68 & 254.89 & 255.66 \\
259.16 & 264.47 & 226.85 & 113.41 & 152.25 & 166.20 & 261.01 & 261.24 \\
247.47 & 252.90 & 164.66 & -16.38 & 81.06 & 49.05 & 251.62 & 247.83 \\
239.40 & 244.45 & 189.03 & 55.50 & 115.23 & 110.20 & 242.05 & 240.68 \\
250.73 & 255.88 & 216.40 & 102.36 & 143.49 & 154.32 & 252.66 & 252.64 \\
245.08 & 249.70 & 271.66 & 244.35 & 214.70 & 277.76 & 244.22 & 248.83
\end{pmatrix}$$

$k = 2$

$$\begin{pmatrix}
247.89 & 252.14 & 265.12 & 260.87 & 216.14 & 252.93 & 246.27 & 252.41 \\
252.75 & 255.82 & 194.84 & 218.13 & 166.43 & 71.00 & 250.28 & 258.74 \\
246.52 & 252.92 & 246.50 & 64.71 & 148.21 & 247.12 & 250.62 & 246.17 \\
250.47 & 257.36 & 248.95 & 33.33 & 140.19 & 253.88 & 255.63 & 249.26 \\
250.78 & 255.60 & 156.25 & 14.09 & 85.65 & 15.69 & 253.67 & 252.39 \\
245.41 & 249.36 & 173.75 & 110.84 & 123.55 & 49.61 & 245.78 & 248.96 \\
243.71 & 250.15 & 234.23 & 37.77 & 133.77 & 225.04 & 248.31 & 242.97 \\
247.21 & 251.45 & 266.24 & 263.99 & 217.66 & 256.26 & 245.54 & 251.77
\end{pmatrix}$$

$k = 3$

$$\begin{pmatrix}
245.33 & 252.00 & 259.38 & 253.33 & 239.73 & 250.37 & 245.35 & 252.15 \\
262.13 & 256.33 & 215.91 & 245.84 & 79.76 & 80.40 & 253.69 & 259.70 \\
252.32 & 253.23 & 259.52 & 81.82 & 94.71 & 252.92 & 252.73 & 246.76 \\
240.13 & 256.80 & 225.74 & 2.80 & 235.67 & 243.53 & 251.87 & 248.20 \\
249.80 & 255.55 & 154.05 & 11.19 & 94.71 & 14.71 & 253.31 & 252.29 \\
236.48 & 248.87 & 153.70 & 84.47 & 206.01 & 40.67 & 242.53 & 248.04 \\
254.47 & 250.74 & 258.39 & 69.54 & 34.42 & 235.82 & 252.22 & 244.07 \\
244.13 & 251.28 & 259.32 & 254.88 & 246.12 & 253.17 & 244.42 & 251.45
\end{pmatrix}$$

$k = 4$

図 7.5 図 7.4 の行列の低ランク近似($k = 1, 2, 3, 4$). ただし, 四捨五入して小数点以下第 2 位まで表示.

を計算する. $k = 3, 4, \ldots, 8$ についても同じように計算すると, 結果は図 7.5 と図 7.6 のようになる. ただし, 行列の成分が 255 を超える場合には左側の画像で対応するピクセルを白色とし, 0 より小さい場合には黒色とした. 図 7.5 をみると, $k = 4$ の場合にも図 7.4 とほぼ同じようにみえる.

$k = 1, 2, \ldots, 8$ について, 図 7.4 の 8×8 型行列 A を近似して得られた行列を A_k とおく. 2 つの行列の差 $A - A_k$ のフロベニウスノルム $\|A - A_k\|_{\mathrm{F}}$ をコンピュータで計算すると, $k = 1, 2, \ldots, 7$ について

448.8822,　336.2884,　217.9337,　53.5740,　19.5393,　10.8295,　4.3638

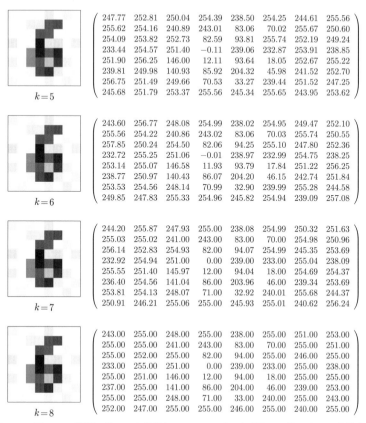

$$
k=5 \quad
\begin{pmatrix}
247.77 & 252.81 & 250.04 & 254.39 & 238.50 & 254.25 & 244.61 & 255.56 \\
255.62 & 254.16 & 240.89 & 243.01 & 83.06 & 70.02 & 255.67 & 250.60 \\
254.09 & 253.82 & 252.73 & 82.59 & 93.81 & 255.74 & 252.19 & 249.24 \\
233.44 & 254.57 & 251.40 & -0.11 & 239.06 & 232.87 & 253.91 & 238.85 \\
251.90 & 256.25 & 146.00 & 12.11 & 93.64 & 18.05 & 252.67 & 255.22 \\
239.81 & 249.98 & 140.93 & 85.92 & 204.32 & 45.98 & 241.52 & 252.70 \\
256.75 & 251.49 & 249.66 & 70.53 & 33.27 & 239.44 & 251.52 & 247.25 \\
245.68 & 251.79 & 253.37 & 255.56 & 245.34 & 255.65 & 243.95 & 253.62
\end{pmatrix}
$$

$$
k=6 \quad
\begin{pmatrix}
243.60 & 256.77 & 248.08 & 254.99 & 238.02 & 254.95 & 249.47 & 252.10 \\
255.56 & 254.22 & 240.86 & 243.02 & 83.06 & 70.03 & 255.74 & 250.55 \\
257.85 & 250.24 & 254.50 & 82.06 & 94.25 & 255.10 & 247.80 & 252.36 \\
232.72 & 255.25 & 251.06 & -0.01 & 238.97 & 232.99 & 254.75 & 238.25 \\
253.14 & 255.07 & 146.58 & 11.93 & 93.79 & 17.84 & 251.22 & 256.25 \\
238.77 & 250.97 & 140.43 & 86.07 & 204.20 & 46.15 & 242.74 & 251.84 \\
253.53 & 254.56 & 248.14 & 70.99 & 32.90 & 239.99 & 255.28 & 244.58 \\
249.85 & 247.83 & 255.33 & 254.96 & 245.82 & 254.94 & 239.09 & 257.08
\end{pmatrix}
$$

$$
k=7 \quad
\begin{pmatrix}
244.20 & 255.87 & 247.93 & 255.00 & 238.08 & 254.99 & 250.32 & 251.63 \\
255.03 & 255.02 & 241.00 & 243.00 & 83.00 & 70.00 & 254.98 & 250.96 \\
256.14 & 252.83 & 254.93 & 82.00 & 94.07 & 254.99 & 245.35 & 253.69 \\
232.92 & 254.94 & 251.00 & 0.00 & 239.00 & 233.00 & 255.04 & 238.09 \\
255.55 & 251.40 & 145.97 & 12.00 & 94.04 & 18.00 & 254.69 & 254.37 \\
236.40 & 254.56 & 141.04 & 86.00 & 203.96 & 46.00 & 239.34 & 253.69 \\
253.81 & 254.13 & 248.07 & 71.00 & 32.92 & 240.01 & 255.68 & 244.37 \\
250.91 & 246.21 & 255.06 & 255.00 & 245.93 & 255.01 & 240.62 & 256.24
\end{pmatrix}
$$

$$
k=8 \quad
\begin{pmatrix}
243.00 & 255.00 & 248.00 & 255.00 & 238.00 & 255.00 & 251.00 & 253.00 \\
255.00 & 255.00 & 241.00 & 243.00 & 83.00 & 70.00 & 255.00 & 251.00 \\
255.00 & 252.00 & 255.00 & 82.00 & 94.00 & 255.00 & 246.00 & 255.00 \\
233.00 & 255.00 & 251.00 & 0.00 & 239.00 & 233.00 & 255.00 & 238.00 \\
255.00 & 251.00 & 146.00 & 12.00 & 94.00 & 18.00 & 255.00 & 255.00 \\
237.00 & 255.00 & 141.00 & 86.00 & 204.00 & 46.00 & 239.00 & 253.00 \\
255.00 & 255.00 & 248.00 & 71.00 & 33.00 & 240.00 & 255.00 & 243.00 \\
252.00 & 247.00 & 255.00 & 255.00 & 246.00 & 255.00 & 240.00 & 255.00
\end{pmatrix}
$$

図 7.6 図 7.4 の行列の低ランク近似($k=5,6,7,8$). ただし, 四捨五入して小数点以下第 2 位まで表示.

のように減少し, $k=8$ のときにはフロベニウスノルムの値が約 8.5941×10^{-12}, つまりほぼ 0 になる.

　行列 A の階数が r のとき, 式 (7.4) で確認したように近似した行列 A_r はもとの行列 A に一致する. この例では 8×8 型行列 A の階数が 8 であるため, 理論的には $A_8 = A$ になるはずである. 今回はコンピュータを用いて計算したため, 数値誤差の影響によりほんのわずかな差が生じている.

　最後に, 定理 7.1 の式 (7.7) を確認しよう. 行列 Σ の対角成分をみると

$$\sigma_1 = 1727.4176, \quad \sigma_2 = 297.3305, \quad \sigma_3 = 256.1147, \quad \sigma_4 = 211.2462,$$

$$\sigma_5 = 49.8838, \quad \sigma_6 = 16.2636, \quad \sigma_7 = 9.9114, \quad \sigma_8 = 4.3638$$

である．これらを式(7.7)に代入すると

$$\|A - A_7\|_{\mathrm{F}} = \sqrt{\sigma_8^2} = \sigma_8 = 4.3638$$

$$\|A - A_6\|_{\mathrm{F}} = \sqrt{\sigma_7^2 + \sigma_8^2} = 10.8295$$

$$\vdots$$

$$\|A - A_1\|_{\mathrm{F}} = \sqrt{\sigma_2^2 + \sigma_3^2 + \cdots + \sigma_8^2} = 448.8822$$

と計算できる．これらはさきほど計算した値と一致する．

7.4　特異値分解による画像圧縮

　特異値分解を利用して図7.1の画像データを圧縮しよう．図7.1を表現する 800×600 型行列を A とおく．7.1節で述べたように，行列 A の階数は 600 である．

　特異値分解により行列 A を $A = U\Sigma V^\top$ のように分解する．いくつかの k について，式(7.6)を用いて

$$A \approx \sum_{i=1}^{k} \sigma_i \boldsymbol{u}_i \boldsymbol{v}_i^\top$$

のように近似する．図7.7は $k = 1, 5, 10, 20, 50, 100$ に対して計算した結果である．k が大きくなるともとの画像である図7.1に近づいていることがわかる．もとの画像の階数は 600 であったが，階数 100 の画像($k = 100$)でももとの画像を十分表現できている．

　もとの画像と低ランク近似した画像のデータ量を比較しよう．もとの画像に対応する 800×600 型行列 A を記憶するためには，$800 \times 600 = 48$ 万個の数値を保持する必要がある．一方，$k = 100$ で近似した行列を計算するためには，7.2節で説明したように $100 \times (800 + 600 + 1) =$ 約 14 万個の数値を保持すればよい．この例では，低ランク近似を利用することでデータ量を $\dfrac{1}{3}$ 以下にする

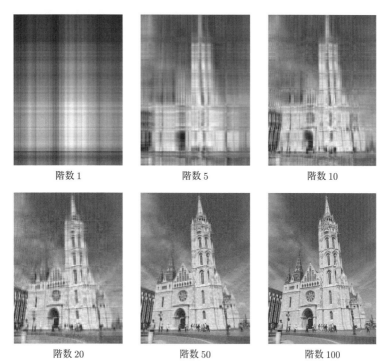

階数 1	階数 5	階数 10
階数 20	階数 50	階数 100

図 7.7   図 7.1 の画像の低ランク近似.

ことができる.

7.5 特異値と固有値

　対称行列 L を分解した式 (7.1) と特異値分解の式 (7.2) を比較しよう. 特異値分解の特徴は正方行列でなくても分解できる点にある. また, 左右から掛ける直交行列 U, V を独立に選ぶことができる点も, 対称行列の分解 (7.1) との大きな違いである.

　ここでは, $m \times n$ 型行列 A の特異値と $n \times n$ 型行列 $A^{\top}A$ の固有値に深い関係があることを説明する. 転置行列の性質 (3.16) を利用すると, 行列 $A^{\top}A$ に対して

$$(A^\top A)^\top = A^\top (A^\top)^\top = A^\top A$$

が成り立つ．したがって $A^\top A$ は対称行列である．

　行列 A の特異値分解を $A = U\Sigma V^\top$ とする．3.8 節で述べた転置行列の性質と直交行列の性質を利用すると

$$A^\top A = (U\Sigma V^\top)^\top U\Sigma V^\top = V\Sigma^\top U^\top U\Sigma V^\top = V(\Sigma^\top\Sigma)V^\top \tag{7.8}$$

が成り立つ．いま $\Sigma^\top\Sigma$ は $n\times n$ 型行列であり，式(7.3)より

$$\Sigma^\top\Sigma = \left(\begin{array}{cccc|c} \sigma_1^2 & 0 & \cdots & 0 & \\ 0 & \sigma_2^2 & \ddots & \vdots & O \\ \vdots & \ddots & \ddots & 0 & \\ 0 & \cdots & 0 & \sigma_r^2 & \\ \hline & O & & & O \end{array}\right)$$

と計算できる．

　対称行列 L を式(7.1)のように分解して得られる対角行列の対角成分 a_1, $a_2,\ldots,a_n$ は L の固有値であったことを思い出そう(第4章参照)．式(7.8)は，対称行列 $A^\top A$ を直交行列 $V, V^\top$ と対角行列 $\Sigma^\top\Sigma$ に分解した式に他ならない．よって，対角行列 $\Sigma^\top\Sigma$ の n 個の対角成分

$$\sigma_1^2,\ \sigma_2^2,\ \ldots,\ \sigma_r^2,\ 0,\ \ldots,\ 0$$

は対称行列 $A^\top A$ の固有値に一致する．ここで，対称行列 $A^\top A$ の固有値がすべて 0 以上であることに注意しよう(演習6.3参照)．したがって，行列 A の特異値 $\sigma_1,\sigma_2,\ldots,\sigma_r$ は，$A^\top A$ の非零固有値の正の平方根に等しい．これは，行列 A の特異値が一意に定まることを意味している．同様にして，行列 A の特異値が $AA^\top$ の非零固有値の正の平方根に等しいことも証明できる．

コラム   特異値分解と主成分分析

主成分分析では，標本分散共分散行列 S の固有値と固有ベクトルを計算した．第 6 章のコラムで説明したように，$p \times p$ 型の標本分散共分散行列 S は

$$Z = \begin{pmatrix} x_{11} - \bar{x}_1 & \cdots & x_{1k} - \bar{x}_k & \cdots & x_{1p} - \bar{x}_p \\ x_{21} - \bar{x}_1 & \cdots & x_{2k} - \bar{x}_k & \cdots & x_{2p} - \bar{x}_p \\ \vdots & & \vdots & & \vdots \\ x_{n1} - \bar{x}_1 & \cdots & x_{nk} - \bar{x}_k & \cdots & x_{np} - \bar{x}_p \end{pmatrix}$$

を用いて

$$S = \frac{1}{n} Z^\top Z$$

と表せる．以下で述べるように，行列 Z の特異値分解を利用すると，標本分散共分散行列 S の固有値と固有ベクトルを求めることができる．

$n \times p$ 型行列 Z の特異値分解を $Z = U\Sigma V^\top$ とする．式(7.8)で A を Z に置き換えると $Z^\top Z = V(\Sigma^\top \Sigma)V^\top$ となるので，

$$(Z^\top Z)V = V \left(\begin{array}{cccc|c} \sigma_1^2 & 0 & \cdots & 0 & \\ 0 & \sigma_2^2 & \ddots & \vdots & O \\ \vdots & \ddots & \ddots & 0 & \\ 0 & \cdots & 0 & \sigma_r^2 & \\ \hline & & O & & O \end{array} \right)$$

が成り立つ．$p \times p$ 型の直交行列 V の j 番目の列ベクトルを $\boldsymbol{v}_j$ とおくと

$$(Z^\top Z)\begin{pmatrix} \boldsymbol{v}_1 & \boldsymbol{v}_2 & \cdots & \boldsymbol{v}_p \end{pmatrix} = \begin{pmatrix} \sigma_1^2 \boldsymbol{v}_1 & \sigma_2^2 \boldsymbol{v}_2 & \cdots & \sigma_r^2 \boldsymbol{v}_r & \boldsymbol{0} & \cdots & \boldsymbol{0} \end{pmatrix}$$

と書ける．よって

$$(Z^\top Z)\boldsymbol{v}_j = \sigma_j^2 \boldsymbol{v}_j \quad (1 \leq j \leq r), \qquad (Z^\top Z)\boldsymbol{v}_j = 0\boldsymbol{v}_j \quad (r+1 \leq j \leq p)$$

を得る．これは $Z^\top Z$ の非零固有値が Z の特異値の2乗に一致し，固有ベクトルが行列 V の列ベクトルに対応することを意味する．

$S = \dfrac{1}{n} Z^\top Z$ より，行列 S の固有値は行列 $Z^\top Z$ の固有値に $\dfrac{1}{n}$ を掛けたものになり，両者の固有ベクトルは一致する（演習 4.4(1) 参照）．したがって，行列 Z の特異値分解 $Z = U \Sigma V^\top$ と特異値 $\sigma_1, \sigma_2, \ldots, \sigma_r$ を用いると，標本分散共分散行列 S の p 個の固有値は

$$\frac{1}{n}\sigma_1^2, \ \frac{1}{n}\sigma_2^2, \ \ldots, \ \frac{1}{n}\sigma_r^2, 0, \ldots, 0$$

と表すことができ，固有ベクトルは V の列ベクトルに現れることがわかる．

7.6　演習問題

演習 7.1　対称行列が正定値行列ならば，特異値と固有値が一致することを証明せよ．

演習 7.2　$n \times n$ 型行列 A が正則な場合，逆行列 A^{-1} が存在して $AA^{-1}A = A$ が成り立つ．正則でない行列に対しても逆行列を定義しようとすると，$AA^+A = A$ を満たす行列 A^+ を考えるのは自然である．A が $m \times n$ 型行列のとき，$AA^+A = A$ を満たす $n \times m$ 型行列 A^+ を**一般逆行列**という．

ここでは，特異値分解を用いた一般逆行列の定義を紹介する．$m \times n$ 型行列 A の特異値分解を $A = U \Sigma V^\top$ とする．直交行列 U と $V^\top$ の逆行列は $U^\top$ と V であ

る．$\Sigma = \begin{pmatrix} \sigma_1 & 0 & \cdots & 0 & \\ 0 & \sigma_2 & \ddots & \vdots & O \\ \vdots & \ddots & \ddots & 0 & \\ 0 & \cdots & 0 & \sigma_r & \\ \hline & & O & & O \end{pmatrix}$ は $m \times n$ 型行列なので逆行列は存在しない

が，疑似的な逆行列として $n \times m$ 型行列 $\Sigma^+ = \begin{pmatrix} \dfrac{1}{\sigma_1} & 0 & \cdots & 0 & \\ 0 & \dfrac{1}{\sigma_2} & \ddots & \vdots & O \\ \vdots & \ddots & \ddots & 0 & \\ 0 & \cdots & 0 & \dfrac{1}{\sigma_r} & \\ \hline & & O & & O \end{pmatrix}$ を

考える. このとき以下の問いに答えよ.

(1) 行列 $\Sigma^+\Sigma$ の型を答えよ. また, $\Sigma^+\Sigma$ を計算せよ.

(2) $A=U\Sigma V^\top$ の疑似的な逆行列として, $U, \Sigma, V^\top$ の(疑似的な)逆行列 $U^\top$, Σ^+, V を逆順に掛けた行列 $A^+ = V\Sigma^+ U^\top$ を考える. このとき, $AA^+A = A$ が成り立つことを証明せよ.

　ここで定義した行列 A^+ は**ムーア・ペンローズ形一般逆行列**とよばれるものである. 一般逆行列は他にも種類があるが, 詳細は文献 [5] を参照してほしい.

(3) 行列 $A = \begin{pmatrix} 2 & 0 & 0 & 0 \\ 0 & 3 & 0 & 0 \\ 0 & 0 & 0 & 0 \end{pmatrix}$ の一般逆行列 A^+ を計算せよ.

(4) 一般逆行列を用いて, 線形方程式系 $\begin{pmatrix} 2 & 0 & 0 & 0 \\ 0 & 3 & 0 & 0 \\ 0 & 0 & 0 & 0 \end{pmatrix} \begin{pmatrix} x \\ y \\ z \\ w \end{pmatrix} = \begin{pmatrix} 8 \\ 15 \\ 0 \end{pmatrix}$ を解いてみよう. まず, (3)で求めた A^+ を用いて $A^+ \begin{pmatrix} 8 \\ 15 \\ 0 \end{pmatrix}$ を計算せよ. 次に, このベクトルが線形方程式系の解であることを確認せよ.

発展的な話題

8

本章では線形代数の威力をさらに身近に感じるために，より発展的なトピックを取り上げる．8.1 節ではインターネットの検索エンジンに固有値・固有ベクトルが深く関わっていることを説明する．8.2 節ではデータを分類する手法である線形判別分析を紹介し，8.3 節では非負行列分解という行列の分解手法を用いてデータ分析を行う．

8.1　ページランク：ウェブページの重要度の計算

　世界中には数十億のウェブページがあり，現在も増え続けている．私たちはインターネットで気になるキーワードを検索して，膨大な数のウェブページの中から知りたい情報が書かれたウェブページを手軽に探すことができる．たとえば「行列式」を検索すると，行列式の定義が載っているページや行列式の値を計算してくれるページ，行列式の意味を解説しているページなどが見つかるだろう．インターネットの検索エンジンはこれらのページをどのようにして見つけているのだろうか．ここでは，線形代数の重要な応用のひとつである Google のページランクについて紹介する．

[ページランクの考え方]
　ページランクとは，ウェブページ間のリンク関係の情報に基づき，ウェブペ

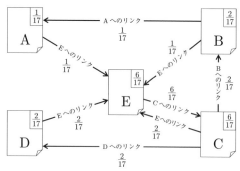

図 8.1 ページランクの例.

ージの重要度を計算する手法である.ページランクでは

(1) 多くのページからリンクされるページは重要である

(2) 重要なページからリンクされるページは重要である

と考える.(1)と(2)の考え方に沿ってウェブページの重要度を定義すると,
行列を用いた簡潔な式で記述できる.

図 8.1 はウェブページが 5 つの場合の例である.これらのウェブページの
重要度を計算すると

$$\text{ページ A}: \frac{1}{17}, \quad \text{ページ B}: \frac{2}{17}, \quad \text{ページ C}: \frac{6}{17},$$

$$\text{ページ D}: \frac{2}{17}, \quad \text{ページ E}: \frac{6}{17}$$

となる.計算法についてはあとで述べる.ここでは,これらの重要度がページ
ランクの 2 つの考え方 (1),(2) に合っていることを確認する.

まず (1) について考えよう.ページ E は他の 4 つすべてのページからリンク
されている.ページ E の重要度は $\frac{6}{17}$ であり,ページ A, B, D の重要度より
も高い.次に (2) を確認する.ページ C は,重要度の高いページ E がリンク
する唯一のページである.ページ C の重要度は $\frac{6}{17}$ であり,ページ E からし
かリンクされていないが重要度は高い.

ページランクのもうひとつの特徴は

(3) 多くのページにリンクする場合,各リンク先に与える重要度は低くなる

という点である.直感的には,ポータルサイトはさまざまな情報をもつ重要な
ページであり,多くのページをリンクしているが,リンク先の個々のページの

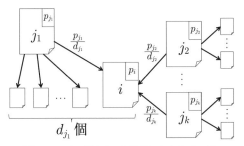

図 8.2 ページ i と，i にリンクするページ．

重要度は低いだろうと理解できる．

[計 算 法]

　ページランクの3つの考え方 $(1),(2),(3)$ を数式で記述する．ページ i の重要度を p_i で表す．ページランクでは考え方 (3) にしたがって，ページ i が d_i 個のページにリンクするならば，リンク先のページ j に重要度 $\frac{p_i}{d_i}$ を与えると考える．図8.1で確認すると，ページBにはA, Eという2つのページへのリンクがあるので，自分の重要度 $\frac{2}{17}$ の半分である $\frac{1}{17}$ をリンク先のページAとページEに与える．一方，ページEのリンク先はページCのみである．よって，ページCはページEの重要度 $\frac{6}{17}$ をすべて受け取ることができる．

　では，ページA, B, C, D, Eの重要度をどのようにして計算したか説明しよう．図8.2のように，ページ i にリンクするページを $j_1, j_2, \ldots, j_k$ とする．例としてページ j_1 について考えよう．ページ j_1 の重要度は p_{j_1} であり，d_{j_1} 個のページにリンクしている．よって，リンク先の1つであるページ i は重要度 $\frac{p_{j_1}}{d_{j_1}}$ を受け取る．同様にして，ページ i はページ $j_2, j_3, \ldots, j_k$ からそれぞれ重要度 $\frac{p_{j_2}}{d_{j_2}}, \frac{p_{j_3}}{d_{j_3}}, \ldots, \frac{p_{j_k}}{d_{j_k}}$ を受け取る．したがってページ i の重要度 p_i について

$$p_i = \frac{p_{j_1}}{d_{j_1}} + \frac{p_{j_2}}{d_{j_2}} + \frac{p_{j_3}}{d_{j_3}} + \cdots + \frac{p_{j_k}}{d_{j_k}} \tag{8.1}$$

が成り立つ．ページ i にリンクするページが多いほど右辺の項が増える点が考え方 (1) を反映している．また，右辺では重要度 $p_{j_1}, p_{j_2}, \ldots, p_{j_k}$ が分子にある

ので，これらの値が大きいと p_i も大きくなる．これは考え方(2)に対応する．

式(8.1)はページランクで使用される重要度の定義を単純化したものである．ウェブページのリンクの状況によっては式(8.1)では重要度が定まらないことがあるため，実際の定義はもう少し複雑になる．ここでの目的はページランクの基本的な考え方を紹介することなので式(8.1)を用いて議論する．

図8.1のページ E に対して式(8.1)を書いてみよう．ページ E はページ A，B, C, D からリンクされている．各ページのリンク先の数を数えると $d_A = 1$，$d_B = 2$，$d_C = 3$，$d_D = 1$ である．よって

$$p_E = \frac{p_A}{1} + \frac{p_B}{2} + \frac{p_C}{3} + \frac{p_D}{1} \tag{8.2}$$

となる．同様にしてページ A, B, C, D についても式を立てると

$$p_A = \frac{p_B}{2}, \quad p_B = \frac{p_C}{3}, \quad p_C = \frac{p_E}{1}, \quad p_D = \frac{p_C}{3} \tag{8.3}$$

となる．式(8.2)と式(8.3)を連立させると

$$p_A = c, \quad p_B = 2c, \quad p_C = 6c, \quad p_D = 2c, \quad p_E = 6c \quad （c は定数）$$

を得る．最後に，すべてのページの重要度の和が1になるという条件

$$p_A + p_B + p_C + p_D + p_E = 1 \tag{8.4}$$

を追加すると $c = \frac{1}{17}$ と定まる．このようにして計算した p_A, p_B, p_C, p_D, p_E が図8.1に書かれているページの重要度である．

[固有ベクトルとの関係]

ページの重要度を並べたベクトル $\begin{pmatrix} p_A \\ p_B \\ p_C \\ p_D \\ p_E \end{pmatrix}$ を $\boldsymbol{p}$ とおく．実は，$\boldsymbol{p}$ はある行列

の固有ベクトルになっている．式(8.2)と式(8.3)を行列で記述すると

$$\begin{pmatrix} p_A \\ p_B \\ p_C \\ p_D \\ p_E \end{pmatrix} = \begin{pmatrix} 0 & \dfrac{1}{2} & 0 & 0 & 0 \\ 0 & 0 & \dfrac{1}{3} & 0 & 0 \\ 0 & 0 & 0 & 0 & 1 \\ 0 & 0 & \dfrac{1}{3} & 0 & 0 \\ 1 & \dfrac{1}{2} & \dfrac{1}{3} & 1 & 0 \end{pmatrix} \begin{pmatrix} p_A \\ p_B \\ p_C \\ p_D \\ p_E \end{pmatrix}$$

となる．右辺の係数行列を A とおくと，$\boldsymbol{p} = A\boldsymbol{p}$，つまり

$$A\boldsymbol{p} = \lambda \boldsymbol{p}, \quad \lambda = 1$$

と表せる．固有値と固有ベクトルの定義式(4.7)を思い出すと，ベクトル $\boldsymbol{p}$ は行列 A の固有値 1 に対応する固有ベクトルであることがわかる．

　行列 A の各成分は非負であり，各列について成分の和が 1 になっている．このような行列は以下の性質をもつことが知られている．

- 固有値 1 をもつ．
- すべての固有値の絶対値は 1 以下である．
- 固有値 1 に対応する非負の固有ベクトルが存在する．

詳細は文献 [10] を参照してほしい．行列 A の転置に対応する行列，つまり，各成分が非負であり，各行について成分の和が 1 になる行列を**確率行列**とよぶ．文献 [10] では確率行列について議論している．行列 A とその転置行列 $A^{\top}$ の固有値は同じであることに注意してほしい．

　ページランクに現れる行列 A の固有値 1 に対応する固有ベクトルは，**べき乗法**を用いて簡単に求めることができる．べき乗法ではまず，ベクトル $\boldsymbol{p}_0$ の各成分を乱数で設定する．次に，$i = 1, 2, \ldots$ について $\boldsymbol{p}_i = A\boldsymbol{p}_{i-1}$ を計算する．たとえば，ベクトル $\boldsymbol{p}_0$ を $\boldsymbol{p}_0 = \begin{pmatrix} 0.0536 \\ 0.2946 \\ 0.9964 \\ 0.2664 \\ 0.0055 \end{pmatrix}$ と定めると，$\boldsymbol{p}_1 = A\boldsymbol{p}_0$, $\boldsymbol{p}_2 =$

$A\boldsymbol{p}_1,\ldots$ より

$$\boldsymbol{p}_1 = \begin{pmatrix} 0.1473 \\ 0.3321 \\ 0.0055 \\ 0.3321 \\ 0.7994 \end{pmatrix}, \quad \boldsymbol{p}_2 = \begin{pmatrix} 0.1661 \\ 0.0018 \\ 0.7994 \\ 0.0018 \\ 0.6473 \end{pmatrix}, \quad \ldots,$$

$$\boldsymbol{p}_{49} = \begin{pmatrix} 0.0951 \\ 0.1902 \\ 0.5705 \\ 0.1902 \\ 0.5705 \end{pmatrix}, \quad \boldsymbol{p}_{50} = \begin{pmatrix} 0.0951 \\ 0.1902 \\ 0.5705 \\ 0.1902 \\ 0.5705 \end{pmatrix}$$

となり $\begin{pmatrix} 0.0951 \\ 0.1902 \\ 0.5705 \\ 0.1902 \\ 0.5705 \end{pmatrix}$ に収束する. 定数倍して成分の和を 1 にすると $\begin{pmatrix} 0.0588 \\ 0.1176 \\ 0.3529 \\ 0.1176 \\ 0.3529 \end{pmatrix}$

を得る. いま

$$\boldsymbol{p} = \begin{pmatrix} p_A \\ p_B \\ p_C \\ p_D \\ p_E \end{pmatrix} = \begin{pmatrix} \dfrac{1}{17} \\[4pt] \dfrac{2}{17} \\[4pt] \dfrac{6}{17} \\[4pt] \dfrac{2}{17} \\[4pt] \dfrac{6}{17} \end{pmatrix} \approx \begin{pmatrix} 0.0588 \\ 0.1176 \\ 0.3529 \\ 0.1176 \\ 0.3529 \end{pmatrix}$$

であるため, べき乗法で得られたベクトルは式(8.2), (8.3), (8.4)からなる線形方程式系を解いて計算したベクトル $\boldsymbol{p}$ と一致する.

別の例として，ベクトル $\boldsymbol{p}_0$ を $\boldsymbol{p}_0 = \begin{pmatrix} 0.7349 \\ 0.9688 \\ 0.2865 \\ 0.0158 \\ 0.5143 \end{pmatrix}$ と定めると，今度は

$$\boldsymbol{p}_1 = \begin{pmatrix} 0.4844 \\ 0.0955 \\ 0.5143 \\ 0.0955 \\ 1.3306 \end{pmatrix}, \quad \boldsymbol{p}_2 = \begin{pmatrix} 0.0477 \\ 0.1714 \\ 1.3306 \\ 0.1714 \\ 0.7991 \end{pmatrix}, \quad \cdots,$$

$$\boldsymbol{p}_{39} = \begin{pmatrix} 0.1483 \\ 0.2965 \\ 0.8895 \\ 0.2965 \\ 0.8895 \end{pmatrix}, \quad \boldsymbol{p}_{40} = \begin{pmatrix} 0.1483 \\ 0.2965 \\ 0.8895 \\ 0.2965 \\ 0.8895 \end{pmatrix}$$

のように収束する．成分の和が1になるように定数倍すると $\begin{pmatrix} 0.0588 \\ 0.1176 \\ 0.3529 \\ 0.1176 \\ 0.3529 \end{pmatrix}$ とな

り，$\boldsymbol{p}_0$ が異なっても最終的な計算結果は同じになる．

　べき乗法は絶対値最大の固有値に対応する固有ベクトルを計算する手法であり，すべての固有ベクトルを計算することはできない．しかし，ページランクをはじめとして実際の応用に現れる問題では，絶対値最大の固有値に対応する固有ベクトルだけが必要になる場面がしばしばある．そのような状況では，べき乗法はコンピュータを用いて簡単に計算できる非常に実用的な手法である．

　べき乗法で $\boldsymbol{p}_i = A\boldsymbol{p}_{i-1}$ を計算するとベクトルの成分が非常に大きくなる，または，非常に小さくなる可能性がある．そのため，実際にべき乗法を利用するときには，たとえば

$$p_i = \frac{Ap_{i-1}}{\|Ap_{i-1}\|}$$

として $\|p_i\|=1$ になるようにしておく. べき乗法の詳細は文献 [8, 15] を参照してほしい.

8.2 線形判別分析：データの分類

線形判別分析は，いくつかのグループに分類されているデータに基づき，新しく観測されたデータがどのグループに属するかを判別する手法である. 線形判別分析の考え方は第6章で紹介した主成分分析に似ているが，データが複数のグループにわかれている点が異なる.

［線形判別分析の考え方］

例として，健康な人々の検査結果と病気であることが判明している人々の検査結果を利用して，新しく検査を受けた人が病気であるか否かを判別する問題を考えよう. 図8.3は2種類の検査を受けた40名のデータである. 横軸が検査A，縦軸が検査Bの数値に対応し，健康な人20名の結果を×印，病気の人20名の結果を●印で表している. 図8.3のデータを利用して，新しく検査を受けた人が健康であるか病気であるかを判別しよう.

線形判別分析では，図8.3の×印と●印を直線で分離することを考える. しかし×印と●印の位置をみると，完全に分離する直線は存在しないことがわかるだろう. このような場合であっても×印のグループと●印のグループを分類する境界となる直線を定めたい. 図8.4左に直線の例を示す. 本来は直線の上側にあるべき×印が2つだけ下側に位置しているが，その他の点については正しく分類できている. 以下では，この直線をどのように求めたのかを説明する.

図8.3の×印に対応するグループを C_1，●印に対応するグループを C_2 とする. グループ C_1 のデータ数を n_1，グループ C_2 のデータ数を n_2 とし，データ i を d 次元ベクトル x_i で表す. 今回の例では，C_1 は健康な人のグループ，C_2 は病気の人のグループであり，$n_1 = n_2 = 20$ である. また，検査は2

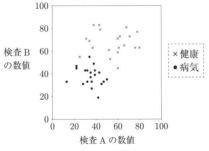

図 8.3 40 名の検査結果.

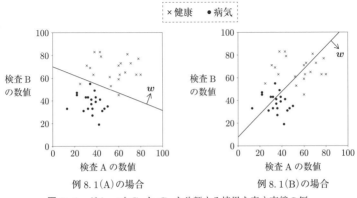

例 8.1(A)の場合　　　　　例 8.1(B)の場合

図 8.4 グループ C_1 と C_2 を分類する境界を表す直線の例.

種類なので $d=2$ であり，$\boldsymbol{x}_i$ は 2 次元ベクトルである．

　グループ C_1 と C_2 を分類する境界を表す $x_1 x_2$ 平面上の直線を $w_1 x_1 + w_2 x_2 = b$ とおく．この直線はベクトル $\boldsymbol{w} = \begin{pmatrix} w_1 \\ w_2 \end{pmatrix}$ と $\boldsymbol{x} = \begin{pmatrix} x_1 \\ x_2 \end{pmatrix}$ を用いて $\boldsymbol{w}^\top \boldsymbol{x} - b = 0$ と表せる．

例 8.1　次の 2 種類のベクトル $\boldsymbol{w}$ に対して直線 $\boldsymbol{w}^\top \boldsymbol{x} - b = 0$ を図示すると，図 8.4 の左と右のようになる．

$$(\text{A})\quad \boldsymbol{w} = \begin{pmatrix} 0.3615 \\ 0.9324 \end{pmatrix} \text{ の場合} \qquad (\text{B})\quad \boldsymbol{w} = \begin{pmatrix} 0.7071 \\ -0.7071 \end{pmatrix} \text{ の場合}$$

定数項 $-b$ の定め方は本節の最後に述べるため，ここでは省略する．たとえば

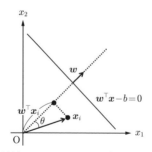

図 8.5 法線ベクトル $\boldsymbol{w}$ の延長線上への $\boldsymbol{x}_i$ の射影.

(B)の場合，直線の方程式 $\boldsymbol{w}^\top \boldsymbol{x} - b = 0$ は

$$\begin{pmatrix} 0.7071 & -0.7071 \end{pmatrix} \begin{pmatrix} x_1 \\ x_2 \end{pmatrix} - b = 0$$

$$\Longleftrightarrow 0.7071 x_1 - 0.7071 x_2 - b = 0$$

$$\Longleftrightarrow x_2 = x_1 - \frac{10000}{7071} b$$

となる．これは傾き 1 の直線であり，ベクトル $\boldsymbol{w} = \begin{pmatrix} 0.7071 \\ -0.7071 \end{pmatrix}$ はこの直線の法線ベクトルとなる．図 8.4 中のベクトル $\boldsymbol{w}$ をみると，$\boldsymbol{w}$ が法線ベクトルであることが確認できる．

図 8.4 の右図に比べると，左図の方がグループ C_1（×印）と C_2（●印）の分類に成功しているのは明らかである．右図では直線の上側と下側の両方で C_1 と C_2 のデータが混在していて，2 つのグループをまったく分類できていない． ▮

例 8.1 で述べたように，ベクトル $\boldsymbol{w}$ は直線 $\boldsymbol{w}^\top \boldsymbol{x} - b = 0$ の法線ベクトルである．$\boldsymbol{w}$ の延長線上に d 次元ベクトル $\boldsymbol{x}_i$ を射影すると，$\boldsymbol{w}^\top \boldsymbol{x}_i$ という 1 次元のデータになる．$\boldsymbol{w}$ が単位ベクトルの場合にこの操作の意味を確認しよう．図 8.5 に示すように，ベクトル $\boldsymbol{x}_i$ と $\boldsymbol{w}$ のなす角を θ とする．$\boldsymbol{w}$ が単位ベクトルであることに注意すると

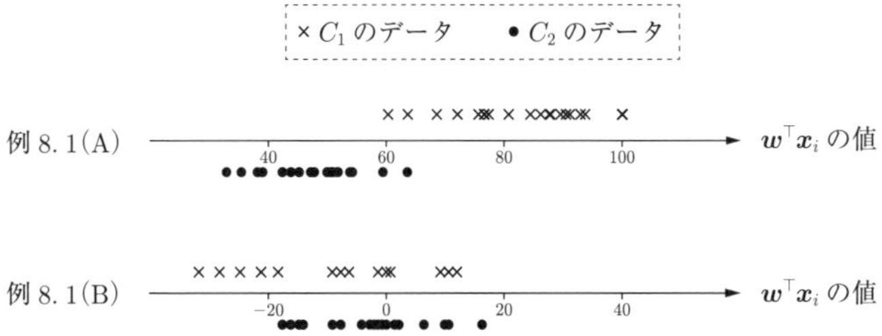

図 8.6　法線ベクトル $\boldsymbol{w}$ の延長線上に射影したデータ.

$$\boldsymbol{w}^{\top}\boldsymbol{x}_i = \boldsymbol{w}\cdot\boldsymbol{x}_i = \|\boldsymbol{w}\|\|\boldsymbol{x}_i\|\cos\theta = \|\boldsymbol{x}_i\|\cos\theta$$

となる. よって $\boldsymbol{w}^{\top}\boldsymbol{x}_i$ は, $\boldsymbol{x}_i$ からベクトル $\boldsymbol{w}$ の延長線上に下した垂線の足の原点からの距離に一致する.

例 8.1 の(A)と(B)の場合について, 40 個のデータを $\boldsymbol{w}$ の延長線上に射影した点は図 8.6 のようになる. 2 つのグループの分類に成功している(A)では, C_1 と C_2 のデータがほぼ分離できている. 一方, (B)に対応する下図では 2 種類のデータが混在している. 線形判別分析では, 法線ベクトル $\boldsymbol{w}$ の延長線上に射影したときに 2 つのグループのデータができるだけ重ならないようなベクトル $\boldsymbol{w}$ を計算する.

[計 算 法]

グループ C_k のデータの平均ベクトル $\boldsymbol{\mu}_k$ は

$$\boldsymbol{\mu}_k = \frac{1}{n_k}\sum_{i\in C_k}\boldsymbol{x}_i \quad (k=1,2)$$

により計算できる. 平均ベクトル $\boldsymbol{\mu}_1, \boldsymbol{\mu}_2$ をベクトル $\boldsymbol{w}$ の延長線上に射影すると, 1 次元のデータ $\boldsymbol{w}^{\top}\boldsymbol{\mu}_1, \boldsymbol{w}^{\top}\boldsymbol{\mu}_2$ になる. これらの差の 2 乗である

$$(\boldsymbol{w}^{\top}\boldsymbol{\mu}_1 - \boldsymbol{w}^{\top}\boldsymbol{\mu}_2)^2 \tag{8.5}$$

が大きいほど, $\boldsymbol{w}$ の延長線上に射影したときに 2 つのグループのデータが分離されると期待できる. 式(8.5)の値を**群間変動**という.

一方, 各グループのデータの散らばりが小さいほど, 2 つのグループの重なりが小さくなると考えられる. グループ C_k のデータ $\boldsymbol{w}^{\top}\boldsymbol{x}_i$ $(i\in C_k)$ の散らば

りの度合いは，それらの平均 $\boldsymbol{w}^\top \boldsymbol{\mu}_k$ との差の二乗和である

$$h_k = \sum_{i \in C_k} (\boldsymbol{w}^\top \boldsymbol{\mu}_k - \boldsymbol{w}^\top \boldsymbol{x}_i)^2 \quad (k = 1, 2) \tag{8.6}$$

を用いて評価する．グループ C_k のデータ数 n_k で割った値 $\dfrac{h_k}{n_k}$ は，$\boldsymbol{w}$ の延長線上に射影したデータ $\boldsymbol{w}^\top \boldsymbol{x}_i$ の分散に対応する．

グループ C_1 に対する値 h_1 とグループ C_2 に対する値 h_2 の和

$$h_1 + h_2 \tag{8.7}$$

を**群内変動**という．各グループのデータ数 n_1, n_2 が異なる場合は，n_1, n_2 で重みづけした値が群内変動として定義される．本書の例では $n_1 = n_2$ なので式 (8.7) を使用する．

群間変動を大きくしながら群内変動を小さくするために，式(8.5)と式 (8.7)の比である

$$J(\boldsymbol{w}) = \frac{(\boldsymbol{w}^\top \boldsymbol{\mu}_1 - \boldsymbol{w}^\top \boldsymbol{\mu}_2)^2}{h_1 + h_2}$$

が最大となるベクトル $\boldsymbol{w}$ を見つけよう．

ベクトル $\boldsymbol{w}$ を求めるために $J(\boldsymbol{w})$ を変形する．まず分子について考える．分子に現れる $\boldsymbol{w}^\top \boldsymbol{\mu}_1 - \boldsymbol{w}^\top \boldsymbol{\mu}_2$ がスカラーであることに注意して，転置行列の性質(3.16)を利用すると，分子の値は

$$\begin{aligned}
(\boldsymbol{w}^\top \boldsymbol{\mu}_1 - \boldsymbol{w}^\top \boldsymbol{\mu}_2)^2 &= (\boldsymbol{w}^\top (\boldsymbol{\mu}_1 - \boldsymbol{\mu}_2))(\boldsymbol{w}^\top (\boldsymbol{\mu}_1 - \boldsymbol{\mu}_2))^\top \\
&= (\boldsymbol{w}^\top (\boldsymbol{\mu}_1 - \boldsymbol{\mu}_2))((\boldsymbol{\mu}_1 - \boldsymbol{\mu}_2)^\top \boldsymbol{w}) \\
&= \boldsymbol{w}^\top (\boldsymbol{\mu}_1 - \boldsymbol{\mu}_2)(\boldsymbol{\mu}_1 - \boldsymbol{\mu}_2)^\top \boldsymbol{w}
\end{aligned}$$

と変形できる．ここで

$$S_B = (\boldsymbol{\mu}_1 - \boldsymbol{\mu}_2)(\boldsymbol{\mu}_1 - \boldsymbol{\mu}_2)^\top \tag{8.8}$$

とおく．$\boldsymbol{\mu}_1$, $\boldsymbol{\mu}_2$ は d 次元ベクトルなので，S_B は $d \times d$ 型行列である．行列 S_B を用いると，$J(\boldsymbol{w})$ の分子は $\boldsymbol{w}^\top S_B \boldsymbol{w}$ で表現される．

次に $J(\boldsymbol{w})$ の分母を変形する．分母の第 1 項は

$$h_1 = \sum_{i \in C_1} (\boldsymbol{w}^\top \boldsymbol{\mu}_1 - \boldsymbol{w}^\top \boldsymbol{x}_i)^2$$

$$= \sum_{i \in C_1} (\boldsymbol{w}^\top (\boldsymbol{\mu}_1 - \boldsymbol{x}_i))^2$$

$$= \sum_{i \in C_1} \boldsymbol{w}^\top (\boldsymbol{\mu}_1 - \boldsymbol{x}_i)(\boldsymbol{\mu}_1 - \boldsymbol{x}_i)^\top \boldsymbol{w}$$

$$= \boldsymbol{w}^\top \left(\sum_{i \in C_1} (\boldsymbol{\mu}_1 - \boldsymbol{x}_i)(\boldsymbol{\mu}_1 - \boldsymbol{x}_i)^\top \right) \boldsymbol{w}$$

と変形できる．h_2 についても同様に変形できるので，分母は

$$\boldsymbol{w}^\top \left(\sum_{i \in C_1} (\boldsymbol{\mu}_1 - \boldsymbol{x}_i)(\boldsymbol{\mu}_1 - \boldsymbol{x}_i)^\top \right) \boldsymbol{w} + \boldsymbol{w}^\top \left(\sum_{i \in C_2} (\boldsymbol{\mu}_2 - \boldsymbol{x}_i)(\boldsymbol{\mu}_2 - \boldsymbol{x}_i)^\top \right) \boldsymbol{w}$$

$$= \boldsymbol{w}^\top \left(\sum_{i \in C_1} (\boldsymbol{\mu}_1 - \boldsymbol{x}_i)(\boldsymbol{\mu}_1 - \boldsymbol{x}_i)^\top + \sum_{i \in C_2} (\boldsymbol{\mu}_2 - \boldsymbol{x}_i)(\boldsymbol{\mu}_2 - \boldsymbol{x}_i)^\top \right) \boldsymbol{w}$$

と書き直せる．ここで

$$S_W = \sum_{i \in C_1} (\boldsymbol{\mu}_1 - \boldsymbol{x}_i)(\boldsymbol{\mu}_1 - \boldsymbol{x}_i)^\top + \sum_{i \in C_2} (\boldsymbol{\mu}_2 - \boldsymbol{x}_i)(\boldsymbol{\mu}_2 - \boldsymbol{x}_i)^\top \qquad (8.9)$$

とおくと，分母は $\boldsymbol{w}^\top S_W \boldsymbol{w}$ で表現される．

以上の議論をまとめると

$$J(\boldsymbol{w}) = \frac{\boldsymbol{w}^\top S_B \boldsymbol{w}}{\boldsymbol{w}^\top S_W \boldsymbol{w}} \qquad (8.10)$$

と書ける．式(8.10)を最大にするベクトル $\boldsymbol{w}$ を求めるためには

$$S_B \boldsymbol{w} = \lambda S_W \boldsymbol{w} \qquad (8.11)$$

を満たす $\boldsymbol{w}$ と λ を計算すればよい（式の導出は演習 8.3 参照）．

式(8.11)は**一般化固有値問題**とよばれるものである．式(4.7)で述べた固有値と固有ベクトルの式 $A\boldsymbol{u} = \lambda \boldsymbol{u}$ と比較すると，右辺に行列 S_W がある点が異なる．

もし行列 S_W が正則ならば，逆行列 S_W^{-1} が存在する．これを式(8.11)の両辺に左から掛けると

$$S_W^{-1} S_B \boldsymbol{w} = \lambda \boldsymbol{w} \qquad (8.12)$$

となる．よって，$\boldsymbol{w}$ は行列 $S_W^{-1}S_B$ の固有ベクトルである．

式(8.8)より，任意の d 次元ベクトル $\boldsymbol{v}$ について

$$S_B\boldsymbol{v} = (\boldsymbol{\mu}_1 - \boldsymbol{\mu}_2)(\boldsymbol{\mu}_1 - \boldsymbol{\mu}_2)^\top \boldsymbol{v}$$

と書ける．後ろ 2 つの積 $(\boldsymbol{\mu}_1 - \boldsymbol{\mu}_2)^\top \boldsymbol{v}$ はスカラーであることに注意する．ここで $\alpha = (\boldsymbol{\mu}_1 - \boldsymbol{\mu}_2)^\top \boldsymbol{v}$ とおくと

$$S_B\boldsymbol{v} = \alpha(\boldsymbol{\mu}_1 - \boldsymbol{\mu}_2)$$

と表せる．両辺に左から S_W^{-1} を掛けると

$$S_W^{-1}S_B\boldsymbol{v} = \alpha S_W^{-1}(\boldsymbol{\mu}_1 - \boldsymbol{\mu}_2)$$

となる．$\boldsymbol{v}$ は任意の d 次元ベクトルであったので，$\boldsymbol{v} = S_W^{-1}(\boldsymbol{\mu}_1 - \boldsymbol{\mu}_2)$ とおくと

$$S_W^{-1}S_B\boldsymbol{v} = \alpha \boldsymbol{v}$$

と書ける．よって，α は行列 $S_W^{-1}S_B$ の固有値であり，$\boldsymbol{v}$ は α に対応する固有ベクトルである．

$\boldsymbol{w}$ は行列 $S_W^{-1}S_B$ の固有ベクトルであった．いま，$\boldsymbol{w}$ が直線 $\boldsymbol{w}^\top \boldsymbol{x} - b = 0$ の法線ベクトルであったことを思い出そう．法線ベクトルを定めるためにはベクトルの長さは関係ないため，

$$\boldsymbol{w} = \boldsymbol{v} = S_W^{-1}(\boldsymbol{\mu}_1 - \boldsymbol{\mu}_2) \tag{8.13}$$

とすればよい．平均ベクトル $\boldsymbol{\mu}_1$, $\boldsymbol{\mu}_2$ はデータから計算できる．また，行列 S_W も式(8.9)から求まるので，ベクトル $\boldsymbol{w}$ も計算できる．

以上の議論で直線 $\boldsymbol{w}^\top \boldsymbol{x} - b = 0$ の法線ベクトル $\boldsymbol{w}$ を求めることができた．最後に定数項 $-b$ を決定しよう．ここでは，平均ベクトル $\boldsymbol{\mu}_1, \boldsymbol{\mu}_2$ をベクトル $\boldsymbol{w}$ の延長線上に射影した中点を利用して

$$b = \frac{1}{2}(\boldsymbol{w}^\top \boldsymbol{\mu}_1 + \boldsymbol{w}^\top \boldsymbol{\mu}_2) \tag{8.14}$$

と定める．行列 S_W は対称行列なので $(S_W^{-1})^\top = S_W^{-1}$ が成り立つ（演習 8.4 参

照)ことに注意して，式(8.14)に式(8.13)を代入すると

$$b = \frac{1}{2} \boldsymbol{w}^\top (\boldsymbol{\mu}_1 + \boldsymbol{\mu}_2)$$
$$= \frac{1}{2} (\boldsymbol{\mu}_1 - \boldsymbol{\mu}_2)^\top (S_W^{-1})^\top (\boldsymbol{\mu}_1 + \boldsymbol{\mu}_2)$$
$$= \frac{1}{2} (\boldsymbol{\mu}_1 - \boldsymbol{\mu}_2)^\top S_W^{-1} (\boldsymbol{\mu}_1 + \boldsymbol{\mu}_2) \tag{8.15}$$

となる．ベクトル $\boldsymbol{\mu}_1, \boldsymbol{\mu}_2$ と行列 S_W はデータから計算できるので，b も計算することができる．

例 8.2 図 8.3 の 2 種類のデータを分類する境界を表す直線 $\boldsymbol{w}^\top \boldsymbol{x} - b = 0$ を計算しよう．図 8.3 にプロットされている点の座標を用いて平均ベクトル $\boldsymbol{\mu}_1$，$\boldsymbol{\mu}_2$ と行列 S_W を計算すると

$$\boldsymbol{\mu}_1 = \begin{pmatrix} 54.95 \\ 67.50 \end{pmatrix}, \quad \boldsymbol{\mu}_2 = \begin{pmatrix} 34.90 \\ 37.90 \end{pmatrix}, \quad S_W = \begin{pmatrix} 6648.75 & -399.70 \\ -399.70 & 3370.80 \end{pmatrix}$$

を得る．行列 S_W は正則であるため逆行列 S_W^{-1} が存在する．よって，式 (8.13) より

$$\boldsymbol{w} = \begin{pmatrix} 6648.75 & -399.70 \\ -399.70 & 3370.80 \end{pmatrix}^{-1} \left(\begin{pmatrix} 54.95 \\ 67.50 \end{pmatrix} - \begin{pmatrix} 34.90 \\ 37.90 \end{pmatrix} \right)$$
$$= \begin{pmatrix} 0.003569 \\ 0.009204 \end{pmatrix}$$

となる．同様にして，式 (8.15) より

$$b = \frac{1}{2} \left(\begin{pmatrix} 54.95 \\ 67.50 \end{pmatrix} - \begin{pmatrix} 34.90 \\ 37.90 \end{pmatrix} \right)^\top \begin{pmatrix} 6648.75 & -399.70 \\ -399.70 & 3370.80 \end{pmatrix}^{-1} \left(\begin{pmatrix} 54.95 \\ 67.50 \end{pmatrix} + \begin{pmatrix} 34.90 \\ 37.90 \end{pmatrix} \right)$$

$$= 0.6454$$

となる．2 つのグループを分類する境界となる直線 $\boldsymbol{w}^\top \boldsymbol{x} - b = 0$ は

$$\begin{pmatrix} 0.003569 & 0.009204 \end{pmatrix} \begin{pmatrix} x_1 \\ x_2 \end{pmatrix} - 0.6454 = 0$$

$$\iff 0.003569 x_1 + 0.009204 x_2 - 0.6454 = 0$$

$$\iff x_2 = -0.3878 x_1 + 70.1217$$

となる. これは点 $(0, 70.1217)$ と点 $(100, 31.3417)$ を通る直線であり, 図 8.4 左の直線に一致する. 例 8.1(A) の場合のベクトル $\boldsymbol{w} = \begin{pmatrix} 0.3615 \\ 0.9324 \end{pmatrix}$ は, 上で求めたベクトル $\boldsymbol{w} = \begin{pmatrix} 0.003569 \\ 0.009204 \end{pmatrix}$ を単位ベクトルに直したものである.

検査を受けた人の結果が $\bar{\boldsymbol{x}} = \begin{pmatrix} \bar{x}_1 \\ \bar{x}_2 \end{pmatrix}$ であるとき,

- $\boldsymbol{w}^\top \bar{\boldsymbol{x}} > b$ ならば, ×印のグループ C_1 に属すると考えて, 健康である
- $\boldsymbol{w}^\top \bar{\boldsymbol{x}} \le b$ ならば, ●印のグループ C_2 に属すると考えて, 病気である

と判別する. 例として, 検査 A の数値が 60, 検査 B の数値が 40 の場合を考えよう. このとき $\bar{\boldsymbol{x}} = \begin{pmatrix} 60 \\ 40 \end{pmatrix}$ であり,

$$\boldsymbol{w}^\top \bar{\boldsymbol{x}} = \begin{pmatrix} 0.003569 & 0.009204 \end{pmatrix} \begin{pmatrix} 60 \\ 40 \end{pmatrix} = 0.5823 \le b$$

となるため, 病気であると判別できる.

8.3　非負行列分解：購入パターンの抽出

第 7 章では特異値分解という行列の分解手法を用いて画像データの圧縮を行った. ここでは, 非負行列分解とよばれる別の分解手法を用いてスーパーマーケットの購買データを分析する. 非負行列分解を利用すると, 同時に購入される傾向がある商品のパターンを見つけることができる.

[非負行列分解の例]

まず，購買データを行列で表現してみよう．

例8.3　あるスーパーマーケットで，5人の客が以下の商品を購入したとする．

客 A　牛乳，ソーセージ，パン，新聞，洗剤，キャットフード

客 B　牛乳，ヨーグルト，ソーセージ，パン

客 C　牛乳，ヨーグルト

客 D　バター，洗剤，キャットフード

客 E　新聞，洗剤，キャットフード

このデータには全部で8種類の商品がある．行列の行を商品に，列を客に対応させて8×5型行列Aで表現する．商品iが客jに購入されたときに行列Aの(i, j)成分を1とし，それ以外の場合に0とすると，行列Aは

$$
A = \begin{array}{c} \\ \text{バター} \\ \text{牛乳} \\ \text{ヨーグルト} \\ \text{ソーセージ} \\ \text{パン} \\ \text{新聞} \\ \text{洗剤} \\ \text{キャットフード} \end{array} \begin{array}{ccccc} \text{客A} & \text{客B} & \text{客C} & \text{客D} & \text{客E} \\ \begin{pmatrix} 0 & 0 & 0 & 1 & 0 \\ 1 & 1 & 1 & 0 & 0 \\ 0 & 1 & 1 & 0 & 0 \\ 1 & 1 & 0 & 0 & 0 \\ 1 & 1 & 0 & 0 & 0 \\ 1 & 0 & 0 & 0 & 1 \\ 1 & 0 & 0 & 1 & 1 \\ 1 & 0 & 0 & 1 & 1 \end{pmatrix} \end{array}
$$

となる．

スーパーマーケットの売上を伸ばすためには，購買データを分析して商品の配置や陳列を工夫する手がかりを得ることが重要である．ここでは**非負行列分解**を利用して商品の購入パターンを抽出する．

非負行列とは，各成分が0以上である行列のことをいう．いまAを$m \times n$

型の非負行列とする．非負行列分解では非負整数 k を指定し，行列 A を $m \times k$ 型の非負行列 W と $k \times n$ 型の非負行列 H の積で表現する．一般には $A = WH$ となる非負行列 W, H が存在するとは限らない．そのため，非負行列分解では行列 A と積 WH の差のフロベニウスノルム

$$\|A - WH\|_{\mathrm{F}} \tag{8.16}$$

が最小となる非負行列 W, H を計算する．ただし，非負行列 W, H は一意に定まらないことに注意する（演習 8.2 参照）．式 (8.16) が最小となる非負行列 W, H を求めるさまざまなアルゴリズムが知られている．詳細はたとえば文献 [12] を参照してほしい．

　購買データを表現する行列 A の定義を思い出すと，A は 0 と 1 からなる行列であった．明らかに A は非負行列なので，非負行列分解を利用できる．

例 8.4　例 8.3 にある 8×5 型行列 A の非負行列分解を計算してみよう．非負行列分解では非負整数 k を指定する必要がある．まず $k = 2$ として非負行列分解をコンピュータで計算すると，たとえば 8×2 型行列 W と 2×5 型行列 H として

$$W = \begin{pmatrix} 0.3175 & 0 \\ 0.0448 & 2.0068 \\ 0 & 1.3904 \\ 0.1340 & 1.4638 \\ 0.1340 & 1.4638 \\ 0.7122 & 0.1888 \\ 1.0606 & 0 \\ 1.0606 & 0 \end{pmatrix} \tag{8.17}$$

$$H = \begin{pmatrix} 0.9930 & 0 & 0 & 0.8422 & 0.9785 \\ 0.4387 & 0.6151 & 0.3304 & 0 & 0 \end{pmatrix}$$

が得られる．積 WH を計算すると

$$WH = \begin{pmatrix} 0.3152 & 0 & 0 & 0.2673 & 0.3106 \\ 0.9249 & 1.2345 & 0.6631 & 0.0377 & 0.0438 \\ 0.6100 & 0.8553 & 0.4594 & 0 & 0 \\ 0.7753 & 0.9005 & 0.4837 & 0.1128 & 0.1311 \\ 0.7753 & 0.9005 & 0.4837 & 0.1128 & 0.1311 \\ 0.7901 & 0.1162 & 0.0624 & 0.5998 & 0.6969 \\ 1.0533 & 0 & 0 & 0.8932 & 1.0378 \\ 1.0533 & 0 & 0 & 0.8932 & 1.0378 \end{pmatrix}$$

であり，行列 A と積 WH の差のフロベニウスノルム $\|A-WH\|_{\mathrm{F}}$ は 1.6698 になる．

次に $k=3$ として非負行列分解を計算すると，たとえば 8×3 型行列 W と 3×5 型行列 H として

$$W = \begin{pmatrix} 0.3742 & 0 & 0 \\ 0.0989 & 1.5074 & 1.1008 \\ 0 & 0.2466 & 1.4069 \\ 0 & 2.1485 & 0.0722 \\ 0 & 2.1485 & 0.0722 \\ 0.7305 & 0.4677 & 0 \\ 1.1990 & 0 & 0 \\ 1.1990 & 0 & 0 \end{pmatrix} \tag{8.18}$$

$$H = \begin{pmatrix} 0.8384 & 0 & 0.0038 & 0.7790 & 0.8787 \\ 0.4973 & 0.4088 & 0 & 0 & 0.0031 \\ 0.0006 & 0.5325 & 0.7831 & 0 & 0 \end{pmatrix}$$

が得られる．このとき $\|A-WH\|_{\mathrm{F}}$ は 1.1893 になる．行列 W と行列 H の解釈は例 8.5 で説明する．

[非負行列分解に基づくデータ分析]

$m \times n$ 型行列 A の j 番目の列ベクトルを $\boldsymbol{a}_j$ とする．非負行列分解によっ

て得られる $m \times k$ 型行列 W の l 番目の列ベクトルを $\boldsymbol{w}_l$ とし, $k \times n$ 型行列 H の (l, j) 成分を h_{lj} とおく. このとき, $A \approx WH$ より

$$\boldsymbol{a}_j \approx \sum_{l=1}^{k} h_{lj} \boldsymbol{w}_l \quad (j = 1, 2, \ldots, n) \tag{8.19}$$

となる.

　購買データを表現する行列 A の列ベクトル $\boldsymbol{a}_j$ は客 j が購入した商品の情報を表す. 式 (8.19) では, ベクトル $\boldsymbol{a}_j$ をベクトル $\boldsymbol{w}_l$ の重みつき和で表現している.

　行列 W の列ベクトルは同時に購入される傾向がある商品のパターンを意味する. 行列 W の列数は k なので, 非負行列分解では k 種類の購入パターン $\boldsymbol{w}_1, \boldsymbol{w}_2, \ldots, \boldsymbol{w}_k$ を抽出している. 重み h_{lj} は, 客 j に対する l 番目の購入パターンの強さを表す. このように解釈すると, 購入パターンを表すベクトル $\boldsymbol{w}_l$ の各成分と重み h_{lj} が非負であることは自然である.

例 8.5　例 8.4 で得られた行列 W と H に基づいて購買データを考察しよう. 行列 W の行は購買データを表す行列 A の行（商品）に対応し, 行列 H の列は行列 A の列（客）に対応することに注意する.

　まず $k = 2$ の場合を考える. 式 (8.17) の行列 W の 2 つの列ベクトルについて, 値がある程度大きい成分に着目する. ここでは (i, j) 成分の値が 1.0 以上の行 i に対応する商品を調べることにすると,
- 1 番目の購入パターン：洗剤, キャットフード
- 2 番目の購入パターン：牛乳, ヨーグルト, ソーセージ, パン

となる. 行列 H をみると, 客 A は両方の購入パターンをもち, 客 B と客 C は 2 番目の購入パターンのみ, 客 D と客 E は 1 番目の購入パターンのみをもつ.

　次に $k = 3$ の場合を考える. 同様にして, 式 (8.18) の行列 W の列ベクトルに着目し, (i, j) 成分の値が 1.0 以上の行 i に対応する商品を調べると
- 1 番目の購入パターン：洗剤, キャットフード
- 2 番目の購入パターン：牛乳, ソーセージ, パン
- 3 番目の購入パターン：牛乳, ヨーグルト

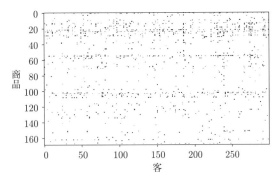

図 8.7　購買データを表現する行列 A の 300 列目までを可視化
したもの．成分が 1 のところだけ黒くなっている．

となる．行列 H をみると，購入パターンの強さに関する情報をそれぞれの客
について得ることができる．　　　　　　　　　　　　　　　　　　　　■

　現実のデータは非負行列で表現されるものが多く，非負行列分解は音響信号
処理や文書データの解析などのさまざまな分野で活用されている．第 7 章で
紹介した特異値分解では，分解後の行列が負の成分を含むことがある．非負行
列分解は非負行列で分解するという点に大きな特徴がある．

　最後に，非負行列分解を利用して，例 8.3 より大規模なデータを分析する．
対象とするデータは，データ分析でよく利用される R 言語の arules パッケー
ジに収録されている Groceries データセットである．このデータにはあるスー
パーマーケットの 1 か月分の購買データが記録されている．

　このスーパーマーケットには 1 か月間にのべ 9,835 人が来店し，169 種類の
商品が購入されている．行列の行を商品に，列を客に対応させて，購買データ
を 169×9835 型行列 A で表現する．商品 i が客 j に購入された場合は行列 A
の (i, j) 成分を 1 とし，それ以外の場合は 0 とする．

　スーパーマーケットの購買データに対応する行列 A について，1 列目から
300 列目まで図示したものが図 8.7 である．図 8.7 をみると，1 の成分(黒色)
が非常に少ないことがわかる．一回の買い物でそれほど多くの商品を購入しな
いことを考えるとこれは当然である．実際，行列 A を調べてみると 1 の数は
43,367 である．この値は行列の全成分 $169 \times 9835 = 1,662,115$ の約 2.6% に

すぎない．また，43367 を来店客数 9835 で割ると，来店客が一回の買い物で約 4.4 個の商品を購入していることがわかる．

　購買データを表現する行列 A のように，非零成分が少ない行列を**疎行列**とよぶ．一方，成分の多くが非零である行列を**密行列**とよぶ．また，行や列の数が大きい行列を**大規模行列**という．今回の例のように，現実の問題に現れる行列は大規模で疎であることが多い．

　169×9835 型行列で表現されるスーパーマーケットのデータに対して非負行列分解を利用してみよう．抽出する購入パターンの数を $k=3$ として，非負行列 W, H を具体的に計算する．行列 W の 3 つの列ベクトル $\boldsymbol{w}_l$ $(l=1,2,3)$ について，(i,l) 成分の値が 1.0 以上の行 i に対応する商品を調べると

- 1 番目の購入パターン：牛乳
- 2 番目の購入パターン：根菜，その他の野菜，ヨーグルト
- 3 番目の購入パターン：ロールパン，炭酸飲料

となる．これが 9835 人の客に共通する 3 種類の購入パターンである．さらに行列 H の成分を調べると，各客がどの購入パターンにしたがって買い物しているかに関する情報を得ることができる．

8.4 線形代数の応用分野

　8.1 節で述べたページランクは，線形代数の重要な応用のひとつである．ページランクの詳細は文献 [11] に丁寧に書かれている．文献 [11] では線形代数が至るところで使われており，線形代数の威力を実感できる．また，8.2 節と 8.3 節でみたように，データ分析で用いられる統計や機械学習の手法には線形代数が大いに役立っている．本書ではその一端を紹介した．

　線形代数は，本書で紹介したもの以外にも，たとえば，画像処理，ロボット工学，最適化などの多くの分野で必須となる学問である．これらの専門書をめくると，さまざまな行列を見つけることができるだろう．データを行列で表現すると，または，電気回路やロボットといった物理システムを行列を用いてモデル化すると，線形代数の分野で発展してきた理論や手法を利用することができる．

コラム **線形代数と最適化**

　最適化は，スポーツ競技の対戦スケジュール作成，病院などの施設配置，物流における輸送経路の決定といった，さまざまな問題を扱うことができる汎用的な理論である．**最適化**では，与えられた条件のもとである関数を最大または最小にする解を求める．たとえば，スポーツ競技の対戦スケジュールには競技場が利用可能な日にちに関する条件があり，病院の施設には収容人数に関する条件があるだろう．最適化を利用すると，このような条件を満たしつつ，利益を表す関数を最大化する問題や，コストに対応する関数を最小化する問題を解くことができる．ここでは，バスの時刻表を最適化する問題を考える．以下で述べるように，この問題は行列を用いて表現できる．

　バス停 1 を出発してバス停 2 とバス停 3 を通り，バス停 4 を終点とするバス A を考えよう．時刻表を設計するために，バス A が各バス停に到着・出発する時刻を表 8.1 のように定める．変数 x_2, x_3, x_4 はバス A がバス停 $2, 3, 4$ に到着する時刻であり，y_1, y_2, y_3 はバス停 $1, 2, 3$ を出発する時刻である．このとき，これらの変数がバスの到着時刻・出発時刻であるために満たすべき条件を考えよう．

　当たり前の話だが，バスはバス停に到着したあとに出発するので

$$y_2 \geq x_2, \quad y_3 \geq x_3 \tag{8.20}$$

が成り立つ．次に，バス停間の走行時間は距離から決まるので

$$x_2 - y_1 = (\text{距離から定まる走行時間}) \tag{8.21}$$

となる．$x_3 - y_2$ と $x_4 - y_3$ についても同様である．

　これらの式を行列を用いて表すと

表 8.1 バス A の時刻表に対する変数.

バス停	1	2	3	4
到着時刻	—	x_2	x_3	x_4
出発時刻	y_1	y_2	y_3	—

$$
\begin{pmatrix}
-1 & 0 & 0 & 0 & 1 & 0 \\
0 & -1 & 0 & 0 & 0 & 1
\end{pmatrix}
\begin{pmatrix}
x_2 \\ x_3 \\ x_4 \\ y_1 \\ y_2 \\ y_3
\end{pmatrix}
\geq
\begin{pmatrix}
0 \\ 0
\end{pmatrix}
$$

$$
\begin{pmatrix}
1 & 0 & 0 & -1 & 0 & 0 \\
0 & 1 & 0 & 0 & -1 & 0 \\
0 & 0 & 1 & 0 & 0 & -1
\end{pmatrix}
\begin{pmatrix}
x_2 \\ x_3 \\ x_4 \\ y_1 \\ y_2 \\ y_3
\end{pmatrix}
= \boldsymbol{b}
$$

となる．1つ目の不等式が式(8.20)に対応し，2つ目の等式が式(8.21)に対応する．ベクトル $\boldsymbol{b}$ の成分はバス停間の距離から定まる走行時間である．上で述べた条件に加えて，同じ路線の他のバスに対する先発・後発の関係や乗換に関する条件も考える必要がある．これらの条件も行列を用いて表現できる．

　時刻表が満たすべき条件を行列で表現すると，行数が数十万，列数が数万という大規模な行列が現れる．バス時刻表設計の目的としては，乗客の利便性向上や公共交通システムの運用コスト削減などが考えられる．このようにして得られた最適化問題を解くと，目的に合ったバス時刻表を求めることができる(詳細は文献 [22] 参照)．

　条件を $A\boldsymbol{x} \geq \boldsymbol{b}$ や $A\boldsymbol{x} = \boldsymbol{b}$ といった形で行列を用いて表現し，最大化または最小化したい関数を変数の一次式で記述した最適化問題を**線形計画問題**という．また，変数が実数値でなく整数値をとるという条件を追加した問題(**整数計画問題**)も考えることができる．これらの最適化問題には高速なアルゴリズムが知られているので，条件を記述する行列が大規模であってもソフトウェアを用いて手軽に解くことができる(文献 [19] 参照)．実社会の問題を行列を用いて表現すると，線形代数を基礎として発展してき

た最適化の理論を利用することができる.

8.5　演習問題

演習 8.1　以下の問いに答えよ.

（1）2つの行列

$$A = \begin{pmatrix} 0.4 & 0.6 \\ 0.1 & 0.9 \end{pmatrix}, \quad B = \begin{pmatrix} 0.5 & 0.2 & 0.3 \\ 0.3 & 0.6 & 0.1 \\ 0 & 0.2 & 0.8 \end{pmatrix}$$

の固有値と固有ベクトルを計算せよ. 行列 B は 4.1 節の問題 4.1 で扱った
行列の転置行列である.

（2）$n \times n$ 型行列 $P = (p_{ij})$ の各成分が非負であり, 各行について成分の和が 1 で
あるとき, P を**確率行列**という. 式で書くと

$$p_{ij} \geq 0 \quad (i = 1, 2, \ldots, n;\ j = 1, 2, \ldots, n)$$
$$\sum_{j=1}^{n} p_{ij} = 1 \quad (i = 1, 2, \ldots, n)$$

である. 確率行列 P が固有値 1 をもつことを証明せよ. （1）の行列 A, B は
確率行列であることに注意すること.

演習 8.2　行列 D を対角成分がすべて正である $k \times k$ 型の対角行列とする. $m \times k$
型行列 W と $k \times n$ 型行列 H に対して $\tilde{W} = WD$ と $\tilde{H} = D^{-1}H$ を考える. A を
$m \times n$ 型行列とすると $\|A - WH\|_{\mathrm{F}} = \|A - \tilde{W}\tilde{H}\|_{\mathrm{F}}$ が成り立つことを証明せよ.

演習 8.3　以下の手順で式(8.11)を導出せよ.

（1）ベクトル $\boldsymbol{w}$ を k 倍したベクトルを $\boldsymbol{u} = k\boldsymbol{w}$ とする. ただし $k \neq 0$ である.
このとき $J(\boldsymbol{w}) = \dfrac{\boldsymbol{w}^\top S_B \boldsymbol{w}}{\boldsymbol{w}^\top S_W \boldsymbol{w}}$ について $J(\boldsymbol{w}) = J(\boldsymbol{u})$ が成り立つことを証明
せよ.

（2）（1）より, ベクトル $\boldsymbol{w}$ をスカラー倍しても $J(\boldsymbol{w})$ の値は同じである. よって
$J(\boldsymbol{w})$ を最大にする問題は, $\boldsymbol{w}^\top S_W \boldsymbol{w} = 1$ の条件のもとで $\boldsymbol{w}^\top S_B \boldsymbol{w}$ を最大
にする問題と書き換えることができる. ラグランジュの未定乗数法を用いて
式(8.11)を導け.

演習 8.4　正則な対称行列の逆行列が対称行列であることを証明せよ.

A.1 逆行列の計算

　正則な n 次正方行列 A の逆行列 A^{-1} の計算の仕方を説明しよう．まず，行列 A の右側に単位行列 I を並べた行列 $\begin{pmatrix} A & I \end{pmatrix}$ を考える．この行列に左からある行列 X を掛けた結果，A の部分が単位行列 I になったと仮定しよう．数式で記述すると

$$X \begin{pmatrix} A & I \end{pmatrix} = \begin{pmatrix} I & X \end{pmatrix} \iff \begin{pmatrix} XA & X \end{pmatrix} = \begin{pmatrix} I & X \end{pmatrix}$$

である．このとき $XA = I$ より，X が A の逆行列 A^{-1} になることが導かれる．

　行列 X を左から掛けることは，$\begin{pmatrix} A & I \end{pmatrix}$ に行基本変形を繰り返し適用することに対応する．つまり，行列 $\begin{pmatrix} A & I \end{pmatrix}$ の A の部分が単位行列になるように行基本変形を行うと $\begin{pmatrix} I & A^{-1} \end{pmatrix}$ の形になり，右側に逆行列が現れる．

例 A.1　例題 4.3 の行列 $P = \begin{pmatrix} 0.6 & 1 & -3 \\ 1 & 0 & 1 \\ 1.4 & -1 & 2 \end{pmatrix}$ の逆行列 P^{-1} を計算しよう．

　行列 P の右側に単位行列 I を並べた行列 $\begin{pmatrix} P & I \end{pmatrix}$ に行基本変形を繰り返し適用すると

$$\left(P \quad I \right) = \begin{pmatrix} 0.6 & 1 & -3 & 1 & 0 & 0 \\ 1 & 0 & 1 & 0 & 1 & 0 \\ 1.4 & -1 & 2 & 0 & 0 & 1 \end{pmatrix}$$

$\xrightarrow[\text{入れ替える}]{\text{1 行目と 2 行目を}}$
$\begin{pmatrix} 1 & 0 & 1 & 0 & 1 & 0 \\ 0.6 & 1 & -3 & 1 & 0 & 0 \\ 1.4 & -1 & 2 & 0 & 0 & 1 \end{pmatrix}$

$\xrightarrow[\text{2 行目に加える}]{\text{1 行目の } -0.6 \text{ 倍を}}$
$\begin{pmatrix} 1 & 0 & 1 & 0 & 1 & 0 \\ 0 & 1 & -3.6 & 1 & -0.6 & 0 \\ 1.4 & -1 & 2 & 0 & 0 & 1 \end{pmatrix}$

$\xrightarrow[\text{3 行目に加える}]{\text{1 行目の } -1.4 \text{ 倍を}}$
$\begin{pmatrix} 1 & 0 & 1 & 0 & 1 & 0 \\ 0 & 1 & -3.6 & 1 & -0.6 & 0 \\ 0 & -1 & 0.6 & 0 & -1.4 & 1 \end{pmatrix}$

$\xrightarrow[\text{3 行目に加える}]{\text{2 行目を}}$
$\begin{pmatrix} 1 & 0 & 1 & 0 & 1 & 0 \\ 0 & 1 & -3.6 & 1 & -0.6 & 0 \\ 0 & 0 & -3 & 1 & -2 & 1 \end{pmatrix}$

$\xrightarrow[-3 \text{ で割る}]{\text{3 行目を}}$
$\begin{pmatrix} 1 & 0 & 1 & 0 & 1 & 0 \\ 0 & 1 & -3.6 & 1 & -0.6 & 0 \\ 0 & 0 & 1 & -\dfrac{1}{3} & \dfrac{2}{3} & -\dfrac{1}{3} \end{pmatrix}$

$\xrightarrow[\text{1 行目に加える}]{\text{3 行目の } -1 \text{ 倍を}}$
$\begin{pmatrix} 1 & 0 & 0 & \dfrac{1}{3} & \dfrac{1}{3} & \dfrac{1}{3} \\ 0 & 1 & -3.6 & 1 & -0.6 & 0 \\ 0 & 0 & 1 & -\dfrac{1}{3} & \dfrac{2}{3} & -\dfrac{1}{3} \end{pmatrix}$

$\xrightarrow[\text{2 行目に加える}]{\text{3 行目の } 3.6 \text{ 倍を}}$
$\begin{pmatrix} 1 & 0 & 0 & \dfrac{1}{3} & \dfrac{1}{3} & \dfrac{1}{3} \\ 0 & 1 & 0 & -\dfrac{1}{5} & \dfrac{9}{5} & -\dfrac{6}{5} \\ 0 & 0 & 1 & -\dfrac{1}{3} & \dfrac{2}{3} & -\dfrac{1}{3} \end{pmatrix}$

となる. よって, $P^{-1} = \begin{pmatrix} \dfrac{1}{3} & \dfrac{1}{3} & \dfrac{1}{3} \\ -\dfrac{1}{5} & \dfrac{9}{5} & -\dfrac{6}{5} \\ -\dfrac{1}{3} & \dfrac{2}{3} & -\dfrac{1}{3} \end{pmatrix}$ である. ∎

A.2 線形方程式系の解法

　線形方程式系 $A\boldsymbol{x} = \boldsymbol{b}$ を解いてみよう. まずは簡単のため, 係数行列 A が正則な場合を考える. 正則な行列 A は逆行列 A^{-1} をもつことに注意する. 行列 A の右側にベクトル $\boldsymbol{b}$ を並べた拡大係数行列 $\begin{pmatrix} A & \boldsymbol{b} \end{pmatrix}$ に行基本変形を繰り返し適用した結果, A の部分を単位行列 I にできたとする. この行基本変形は逆行列 A^{-1} を左から掛けることに対応するため, 数式で記述すると

$$A^{-1} \begin{pmatrix} A & \boldsymbol{b} \end{pmatrix} = \begin{pmatrix} I & A^{-1}\boldsymbol{b} \end{pmatrix}$$

となる(補論 A.1 参照). よって, 右側にベクトル $\boldsymbol{x} = A^{-1}\boldsymbol{b}$ が現れる.

　行列 A が正則でない場合には, $\begin{pmatrix} A & \boldsymbol{b} \end{pmatrix}$ に行基本変形および $\boldsymbol{b}$ 以外の列の入れ替えを行うことで, A の部分を次のいずれかの形にすることができる.

(1) $\begin{pmatrix} I \\ O \end{pmatrix}$ （上が単位行列, 下が零行列）

(2) $\begin{pmatrix} I & * \end{pmatrix}$ （左が単位行列, 右が任意の行列）

(3) $\begin{pmatrix} I & * \\ O & O \end{pmatrix}$ （左上が単位行列, 右上が任意の行列, 下側の成分はすべて 0）

詳細は文献 [1] を参照してほしい. 次の例 A.2 では(1)の場合を確認する.

例 A.2 例 5.3 の線形方程式系 $\begin{pmatrix} 0.4 & 0.5 \\ 0.3 & 0.25 \\ 0.2 & 0 \end{pmatrix} \begin{pmatrix} y \\ z \end{pmatrix} = \begin{pmatrix} 21 \\ 14.5 \\ 8 \end{pmatrix}$ を解いてみよう. 拡大係数行列に行基本変形を繰り返し適用すると

$$\begin{pmatrix} 0.4 & 0.5 & 21 \\ 0.3 & 0.25 & 14.5 \\ 0.2 & 0 & 8 \end{pmatrix} \xrightarrow[\text{入れ替える}]{1 \text{ 行目と 3 行目を}} \begin{pmatrix} 0.2 & 0 & 8 \\ 0.3 & 0.25 & 14.5 \\ 0.4 & 0.5 & 21 \end{pmatrix}$$

$$\xrightarrow[\text{0.2 で割る}]{1 \text{ 行目を}} \begin{pmatrix} 1 & 0 & 40 \\ 0.3 & 0.25 & 14.5 \\ 0.4 & 0.5 & 21 \end{pmatrix} \xrightarrow[\text{2 行目に加える}]{1 \text{ 行目の } -0.3 \text{ 倍を}} \begin{pmatrix} 1 & 0 & 40 \\ 0 & 0.25 & 2.5 \\ 0.4 & 0.5 & 21 \end{pmatrix}$$

$$\xrightarrow[\text{3 行目に加える}]{1 \text{ 行目の } -0.4 \text{ 倍を}} \begin{pmatrix} 1 & 0 & 40 \\ 0 & 0.25 & 2.5 \\ 0 & 0.5 & 5 \end{pmatrix} \xrightarrow[\text{0.25 で割る}]{2 \text{ 行目を}} \begin{pmatrix} 1 & 0 & 40 \\ 0 & 1 & 10 \\ 0 & 0.5 & 5 \end{pmatrix}$$

$$\xrightarrow[\text{3 行目に加える}]{2 \text{ 行目の } -0.5 \text{ 倍を}} \begin{pmatrix} 1 & 0 & 40 \\ 0 & 1 & 10 \\ 0 & 0 & 0 \end{pmatrix}$$

となる．左上の単位行列 $\begin{pmatrix} 1 & 0 \\ 0 & 1 \end{pmatrix}$ の右側にある 2 次元ベクトル $\begin{pmatrix} 40 \\ 10 \end{pmatrix}$ が線形方程式系の解 $\begin{pmatrix} y \\ z \end{pmatrix}$ になる． ∎

　線形方程式系 $Ax = b$ の数値計算法ではガウスの消去法が有名である．次の例 A.3 を通してガウスの消去法をみてみよう．

例 A.3　例 5.1 の線形方程式系 $\begin{pmatrix} 0.4 & 0.4 & 0.5 \\ 0.25 & 0.3 & 0.25 \\ 0.3 & 0.2 & 0 \end{pmatrix} \begin{pmatrix} x \\ y \\ z \end{pmatrix} = \begin{pmatrix} 28 \\ 17 \\ 12 \end{pmatrix}$ をガウスの消去法で解く．

　ここでは係数行列と定数項ベクトルを取り出し，これらを並べた拡大係数行列上でガウスの消去法を行っていく．拡大係数行列

$$\begin{pmatrix} 0.4 & 0.4 & 0.5 & 28 \\ 0.25 & 0.3 & 0.25 & 17 \\ 0.3 & 0.2 & 0 & 12 \end{pmatrix}$$

で $(1,1)$ 成分の 0.4 に着目し，第 1 行を使って行基本変形により $(2,1)$ 成分と $(3,1)$ 成分を 0 にする．具体的には

$$
\begin{pmatrix}
0.4 & 0.4 & 0.5 & 28 \\
0.25 & 0.3 & 0.25 & 17 \\
0.3 & 0.2 & 0 & 12
\end{pmatrix}
\xrightarrow[\text{2 行目に加える}]{\text{1 行目の} -\frac{0.25}{0.4} \text{倍を}}
\begin{pmatrix}
0.4 & 0.4 & 0.5 & 28 \\
0 & 0.05 & -0.0625 & -0.5 \\
0.3 & 0.2 & 0 & 12
\end{pmatrix}
$$

$$
\xrightarrow[\text{3 行目に加える}]{\text{1 行目の} -\frac{0.3}{0.4} \text{倍を}}
\begin{pmatrix}
0.4 & 0.4 & 0.5 & 28 \\
0 & 0.05 & -0.0625 & -0.5 \\
0 & -0.1 & -0.375 & -9
\end{pmatrix}
$$

となる．次に $(2,2)$ 成分の 0.05 に着目し，第 2 行を使って行基本変形により $(3,2)$ 成分を 0 にする．具体的には

$$
\begin{pmatrix}
0.4 & 0.4 & 0.5 & 28 \\
0 & 0.05 & -0.0625 & -0.5 \\
0 & -0.1 & -0.375 & -9
\end{pmatrix}
$$

$$
\xrightarrow[\text{3 行目に加える}]{\text{2 行目の} \frac{0.1}{0.05} \text{倍を}}
\begin{pmatrix}
0.4 & 0.4 & 0.5 & 28 \\
0 & 0.05 & -0.0625 & -0.5 \\
0 & 0 & -0.5 & -10
\end{pmatrix}
$$

となる．

これを線形方程式系の形に書き直すと

$$
\begin{aligned}
0.4x + 0.4y + 0.5z &= 28 \\
0.05y - 0.0625z &= -0.5 \\
-0.5z &= -10
\end{aligned}
\tag{A.1}
$$

となる．第 3 式から $z=20$ を得る．これを第 2 式に代入すると $0.05y=0.75$ となるので，$y=15$ となる．さらに，これらを第 1 式に代入すると $0.4x=12$ となり，$x=30$ を得る．

　行基本変形を行うステップでは，第2式と第3式から x を消去し，第3式から y を消去する，というように未知数を順番に消している．このようにして，代入操作だけで解を計算できる線形方程式系(A.1)を導出する．線形方程式系(A.1)を解くステップでは，まず第3式から z を計算し，次に z を第2式に代入して y を計算し，さらに z と y を第1式に代入して x を計算する，というように，後ろから順に代入して z, y, x を求めている．前半のステップを**前進消去**，後半のステップを**後退代入**という．前進消去と後退代入により線形方程式系を解く方法を**ガウスの消去法**とよぶ．∎

　例 A.2 では，変形後の行列で単位行列の右側にあるベクトルが $\boldsymbol{x}$ そのものであった．一方，例 A.3 で示したガウスの消去法では，拡大係数行列 $\begin{pmatrix} A & \boldsymbol{b} \end{pmatrix}$ の A の部分に単位行列が現れるまでは変形せず，先に得られた $\boldsymbol{x}$ の一部を代入して $\boldsymbol{x}$ を求める．

　例 A.3 では行の入れ替えをせずに解くことができた．しかし，場合によっては着目している (i, i) 成分が 0 になってしまい，次のステップに進めなくなることがある．このような場合には，前進消去のステップで行の入れ替えを許す枢軸選択付きのガウスの消去法を利用する．ガウスの消去法の詳細は，たとえば文献 [2, 15] を参照してほしい．

A.3　行列式の計算

　$n \times n$ 型行列の行列式は，行列のある行または列に着目して展開することで，$(n-1) \times (n-1)$ 型行列の行列式を用いて表現できる．3×3 型行列 $A = \begin{pmatrix} a_{11} & a_{12} & a_{13} \\ a_{21} & a_{22} & a_{23} \\ a_{31} & a_{32} & a_{33} \end{pmatrix}$ を例に説明する．以下では A の第1列 $\begin{pmatrix} a_{11} \\ a_{21} \\ a_{31} \end{pmatrix}$ に着目し，3つの成分 a_{11}, a_{21}, a_{31} について行列式を展開する．a_{ij} に関する展開項には，i 行 j 列を除いた 2×2 型行列の行列式と $(-1)^{i+j}$ が現れる．a_{11}, a_{21}, a_{31} に関する展開項はそれぞれ

$$(-1)^{1+1}a_{11} \cdot \det \begin{pmatrix} \bigstar & \blacksquare & \blacksquare \\ \blacksquare & a_{22} & a_{23} \\ \blacksquare & a_{32} & a_{33} \end{pmatrix} = (-1)^{1+1}a_{11} \cdot \det \begin{pmatrix} a_{22} & a_{23} \\ a_{32} & a_{33} \end{pmatrix}$$

$$= a_{11}(a_{22}a_{33} - a_{23}a_{32})$$

$$(-1)^{2+1}a_{21} \cdot \det \begin{pmatrix} \blacksquare & a_{12} & a_{13} \\ \bigstar & \blacksquare & \blacksquare \\ \blacksquare & a_{32} & a_{33} \end{pmatrix} = (-1)^{2+1}a_{21} \cdot \det \begin{pmatrix} a_{12} & a_{13} \\ a_{32} & a_{33} \end{pmatrix}$$

$$= -a_{21}(a_{12}a_{33} - a_{13}a_{32})$$

$$(-1)^{3+1}a_{31} \cdot \det \begin{pmatrix} \blacksquare & a_{12} & a_{13} \\ \blacksquare & a_{22} & a_{23} \\ \bigstar & \blacksquare & \blacksquare \end{pmatrix} = (-1)^{3+1}a_{31} \cdot \det \begin{pmatrix} a_{12} & a_{13} \\ a_{22} & a_{23} \end{pmatrix}$$

$$= a_{31}(a_{12}a_{23} - a_{13}a_{22})$$

となる．ここで，$\bigstar$ はいま着目している成分 a_{ij} であり，$\bigstar$ と $\blacksquare$ は第 i 行または第 j 列にあったため削除された成分に対応する．

　第 1 列に関して展開すると，行列式 $\det A$ はこれらの展開項の和になる．したがって

$$\det \begin{pmatrix} a_{11} & a_{12} & a_{13} \\ a_{21} & a_{22} & a_{23} \\ a_{31} & a_{32} & a_{33} \end{pmatrix}$$

$$= a_{11}(a_{22}a_{33} - a_{23}a_{32}) - a_{21}(a_{12}a_{33} - a_{13}a_{32}) + a_{31}(a_{12}a_{23} - a_{13}a_{22})$$

となる．これは式(3.11)の結果に一致する．ここでは A の第 1 列に関して展開したが，他の列や行に関して展開することもできる．

　次の定理は n 次正方行列の行列式の展開について述べたものである．

定理 A.1

n 次正方行列 A の第 i 行と第 j 列を除いて得られる $n-1$ 次正方行列の行列式を Δ_{ij} で表す．このとき，第 i 行に関する展開は

$$\det A = \sum_{j=1}^{n} (-1)^{i+j} a_{ij} \Delta_{ij}$$

となる．同様にして，第 j 列に関する展開は

$$\det A = \sum_{i=1}^{n} (-1)^{i+j} a_{ij} \Delta_{ij}$$

となる．

定理 A.1 に現れる Δ_{ij} に符号 $(-1)^{i+j}$ をつけた $(-1)^{i+j}\Delta_{ij}$ は，行列 A の (i,j) **余因子**とよばれる．定理 A.1 のような行列式の展開を**ラプラス展開**または**余因子展開**という．

例 A.4　5 次正方行列 $\begin{pmatrix} 4 & 0 & 1 & 0 & 1 \\ 2 & 0 & 0 & 4 & 1 \\ 0 & 0 & 1 & 0 & -2 \\ 0 & 0 & 2 & 0 & 0 \\ -2 & 3 & 7 & 1 & 5 \end{pmatrix}$ の行列式を，ラプラス展開を

用いて計算しよう．まず第 2 列に着目して展開する．第 2 列の非零成分は $(5,2)$ 成分の 3 だけなので

$$\det \begin{pmatrix} 4 & 0 & 1 & 0 & 1 \\ 2 & 0 & 0 & 4 & 1 \\ 0 & 0 & 1 & 0 & -2 \\ 0 & 0 & 2 & 0 & 0 \\ -2 & 3 & 7 & 1 & 5 \end{pmatrix} = (-1)^{5+2} \times 3 \times \det \begin{pmatrix} 4 & \blacksquare & 1 & 0 & 1 \\ 2 & \blacksquare & 0 & 4 & 1 \\ 0 & \blacksquare & 1 & 0 & -2 \\ 0 & \blacksquare & 2 & 0 & 0 \\ \blacksquare & \bigstar & \blacksquare & \blacksquare & \blacksquare \end{pmatrix}$$

$$= -3 \det \begin{pmatrix} 4 & 1 & 0 & 1 \\ 2 & 0 & 4 & 1 \\ 0 & 1 & 0 & -2 \\ 0 & 2 & 0 & 0 \end{pmatrix}$$

となる．次に，4 次正方行列の第 3 列に着目すると

$$\det \begin{pmatrix} 4 & 1 & 0 & 1 \\ 2 & 0 & 4 & 1 \\ 0 & 1 & 0 & -2 \\ 0 & 2 & 0 & 0 \end{pmatrix} = (-1)^{2+3} \times 4 \times \det \begin{pmatrix} 4 & 1 & \blacksquare & 1 \\ \blacksquare & \blacksquare & \star & \blacksquare \\ 0 & 1 & \blacksquare & -2 \\ 0 & 2 & \blacksquare & 0 \end{pmatrix}$$

$$= -4 \det \begin{pmatrix} 4 & 1 & 1 \\ 0 & 1 & -2 \\ 0 & 2 & 0 \end{pmatrix}$$

と展開できる．最後に，3次正方行列を第3行について展開すると

$$\det \begin{pmatrix} 4 & 1 & 1 \\ 0 & 1 & -2 \\ 0 & 2 & 0 \end{pmatrix} = (-1)^{3+2} \times 2 \times \det \begin{pmatrix} 4 & \blacksquare & 1 \\ 0 & \blacksquare & -2 \\ \blacksquare & \star & \blacksquare \end{pmatrix} = -2 \det \begin{pmatrix} 4 & 1 \\ 0 & -2 \end{pmatrix}$$

となる．したがって，行列式の値は

$$-3 \times (-4) \times (-2) \times \det \begin{pmatrix} 4 & 1 \\ 0 & -2 \end{pmatrix} = -24 \det \begin{pmatrix} 4 & 1 \\ 0 & -2 \end{pmatrix} = -24 \times (-8)$$

$$= 192$$

となる．非零成分が少ない行または列に着目して展開すると計算が簡単になることに注意する．　∎

A.4　クラメールの公式

線形方程式系 $A\boldsymbol{x} = \boldsymbol{b}$ において，係数行列 A が正則な場合を考えよう．行列 A の第 j 列を $\boldsymbol{b}$ で置き換えた行列を A_j とおく．このとき解 $\boldsymbol{x}$ の第 j 成分 x_j は

$$x_j = \frac{\det A_j}{\det A}$$

で与えられる．これをクラメールの公式という．

例 A.5　例 5.1 の線形方程式系 $\begin{pmatrix} 0.4 & 0.4 & 0.5 \\ 0.25 & 0.3 & 0.25 \\ 0.3 & 0.2 & 0 \end{pmatrix} \begin{pmatrix} x \\ y \\ z \end{pmatrix} = \begin{pmatrix} 28 \\ 17 \\ 12 \end{pmatrix}$ をクラメ

ールの公式を用いて解いてみよう.

　　この例では $A = \begin{pmatrix} 0.4 & 0.4 & 0.5 \\ 0.25 & 0.3 & 0.25 \\ 0.3 & 0.2 & 0 \end{pmatrix}$ であり,

$$A_1 = \begin{pmatrix} 28 & 0.4 & 0.5 \\ 17 & 0.3 & 0.25 \\ 12 & 0.2 & 0 \end{pmatrix}, \quad A_2 = \begin{pmatrix} 0.4 & 28 & 0.5 \\ 0.25 & 17 & 0.25 \\ 0.3 & 12 & 0 \end{pmatrix},$$

$$A_3 = \begin{pmatrix} 0.4 & 0.4 & 28 \\ 0.25 & 0.3 & 17 \\ 0.3 & 0.2 & 12 \end{pmatrix}$$

となる. それぞれの行列式を計算すると

$$\det A = -0.01, \quad \det A_1 = -0.3, \quad \det A_2 = -0.15, \quad \det A_3 = -0.2$$

を得る. したがって, クラメールの公式より $x = \dfrac{\det A_1}{\det A} = \dfrac{-0.3}{-0.01} = 30$, $y = \dfrac{\det A_2}{\det A} = \dfrac{-0.15}{-0.01} = 15$, $z = \dfrac{\det A_3}{\det A} = \dfrac{-0.2}{-0.01} = 20$ となる. ∎

　　補論 A.3 で紹介した余因子を利用して, クラメールの公式を証明する. そのための準備として定理 A.1 をもう一度みよう. n 次正方行列 A の (i,j) 余因子を $\tilde{a}_{ij}$ で表す. このとき, 定理 A.1 の第 i 行に関する展開は

$$\det A = \sum_{j=1}^{n} a_{ij} \tilde{a}_{ij} \tag{A.2}$$

と書き直せる. $k \neq i$ について, 行列 A の第 k 行を第 i 行で置き換えた行列を A' とする. 行列 A' は第 k 行と第 i 行が同じなので, A' の行ベクトルは線形従属である. よって $\det A' = 0$ となる. いま A' の第 k 行に関する展開を考える. 行列 A' の (i,j) 成分を a'_{ij} とおき, (i,j) 余因子を $\tilde{a}'_{ij}$ で表すと, $a'_{kj} = a_{ij}$, $\tilde{a}'_{kj} = \tilde{a}_{kj}$ であることに注意する. したがって, A' の第 k 行に関する展開

は

$$\det A' = \sum_{j=1}^{n} a'_{kj}\tilde{a}'_{kj} = \sum_{j=1}^{n} a_{ij}\tilde{a}_{kj}$$

となる. $\det A' = 0$ より

$$\sum_{j=1}^{n} a_{ij}\tilde{a}_{kj} = 0 \quad (k \neq i) \tag{A.3}$$

を得る.

次に余因子行列を定義する. **余因子行列**は, (i,j) 成分が $\tilde{a}_{ji}$ となる n 次正方行列である. 添え字の順序が逆になる点に注意してほしい. 余因子行列を $\hat{A}$ とおくと,

$$A\hat{A} = \begin{pmatrix} a_{11} & a_{12} & \cdots & a_{1n} \\ a_{21} & a_{22} & \cdots & a_{2n} \\ \vdots & \vdots & \ddots & \vdots \\ a_{n1} & a_{n2} & \cdots & a_{nn} \end{pmatrix} \begin{pmatrix} \tilde{a}_{11} & \tilde{a}_{21} & \cdots & \tilde{a}_{n1} \\ \tilde{a}_{12} & \tilde{a}_{22} & \cdots & \tilde{a}_{n2} \\ \vdots & \vdots & \ddots & \vdots \\ \tilde{a}_{1n} & \tilde{a}_{2n} & \cdots & \tilde{a}_{nn} \end{pmatrix} = (\det A)I$$

が成り立つ. この式は, 行列 $A\hat{A}$ の (i,i) 成分が式(A.2)に対応し, (i,k) 成分 (ただし $k \neq i$) が式(A.3)に対応することから直ちに導かれる. したがって, 行列 A が正則ならば

$$A\left(\frac{1}{\det A}\hat{A}\right) = I$$

となるので, $A^{-1} = \dfrac{1}{\det A}\hat{A}$ と表せる.

クラメールの公式の証明に戻ろう. 行列 A が正則ならば

$$\boldsymbol{x} = A^{-1}\boldsymbol{b} = \frac{1}{\det A}\hat{A}\boldsymbol{b}$$

である. ベクトル $\boldsymbol{b}$ の第 j 成分を b_j とすると, ベクトル $\boldsymbol{x}$ の第 j 成分は

$$x_j = \frac{1}{\det A}(\tilde{a}_{1j}b_1 + \tilde{a}_{2j}b_2 + \cdots + \tilde{a}_{nj}b_n)$$

と書ける. 右辺の $\tilde{a}_{1j}b_1 + \tilde{a}_{2j}b_2 + \cdots + \tilde{a}_{nj}b_n$ は行列 A_j を第 j 列に関して展開したものなので $\det A_j$ に等しい. したがって $x_j = \dfrac{\det A_j}{\det A}$ が導かれる.

A.5 多変数関数の微分

1変数関数 $f(x)$ の極大値または極小値を求める場合，$f(x)$ を x に関して微分したときに $\dfrac{\mathrm{d}f}{\mathrm{d}x}(x)=0$ となる x を計算する．例として $f(x)$ が2次関数の場合を考えよう．$f(x)=ax^2+bx+c$（ただし $a>0$）とおく．$\dfrac{\mathrm{d}f}{\mathrm{d}x}(x)=0$ を計算すると $2ax+b=0$ となり，$x=-\dfrac{b}{2a}$ を得る．この場合，関数 $f(x)$ は $x=-\dfrac{b}{2a}$ で最小値をとる．

2変数関数 $g(x,y)$ の極大値または極小値を求める場合には偏微分を利用する．$g(x,y)$ の x に関する偏微分とは，y を固定して $g(x,y)$ を x の関数とみなし，x について微分したものである．$g(x,y)$ の x に関する偏微分は $\dfrac{\partial g}{\partial x}(x,y)$ で表される．たとえば $g(x,y)=x^2+3xy$ ならば，$\dfrac{\partial g}{\partial x}(x,y)=2x+3y$ である．y に関する偏微分 $\dfrac{\partial g}{\partial y}(x,y)$ も同様にして定義される．2変数関数 $g(x,y)$ の極大値または極小値を求めるためには

$$\frac{\partial g}{\partial x}(x,y)=0, \qquad \frac{\partial g}{\partial y}(x,y)=0$$

を満たす x,y を計算する．

一般に，n 変数関数 $h(x_1,x_2,\ldots,x_n)$ の極大値または極小値を求める場合は，n 本の式

$$\frac{\partial h}{\partial x_1}(x_1,x_2,\ldots,x_n)=0, \quad \frac{\partial h}{\partial x_2}(x_1,x_2,\ldots,x_n)=0, \quad \ldots,$$
$$\frac{\partial h}{\partial x_n}(x_1,x_2,\ldots,x_n)=0 \tag{A.4}$$

を満たす $x_1,x_2,\ldots,x_n$ を計算すればよい[6]．

式 (A.4) を満たす $(x_1,x_2,\ldots,x_n)$ を **停留点** という．上で述べた計算方法では，「極大値または極小値であれば停留点である」という性質を利用している．停留点が極大値をとるか，極小値をとるか，どちらでもないかを判定する方法については，たとえば文献 [20] を参照してほしい．

n 変数関数 $h(x_1,x_2,\ldots,x_n)$ が凸関数の場合は，停留点で最小値をとるこ

---

6) ただし，関数 h は連続微分可能であるとする．ここで，関数 h が各変数に関して偏微分可能で偏導関数が連続のとき，h は **連続微分可能**（または C^1 級）であるという．

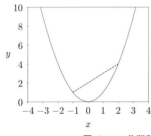 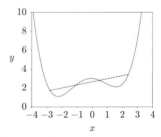

図 A.1　凸関数(左)と凸でない関数(右).

とが知られている．凸関数の代表的な例は，図 A.1 左に示す 2 次関数 $y = x^2$ である．**凸関数**とは，グラフ上の 2 点を結ぶ線分が常にグラフの上側にある関数である．図 A.1 左の凸関数では，破線の線分がグラフよりも上側にある．図 A.1 右の関数は，破線の線分の一部がグラフの下側にあるので凸関数ではない．凸関数とその最小化に関する詳細については，たとえば [21] を参照してほしい．

5.3 節の最小二乗法で述べた誤差の二乗和

$$S = \sum_{i=1}^{n} (y_i - cx_i - d)^2$$

は c と d についての 2 変数関数である．関数 S は凸関数なので，

$$\frac{\partial S}{\partial c} = 0, \quad \frac{\partial S}{\partial d} = 0$$

を解けば S の最小値を求めることができる．

例 A.6　2 変数関数 $g(x, y) = x^2 + 2y^2 + xy - 7x$ の極大値または極小値を求めよう．まず $g(x, y)$ の偏微分 $\dfrac{\partial g}{\partial x}(x, y)$, $\dfrac{\partial g}{\partial y}(x, y)$ を計算する．x に関する偏微分 $\dfrac{\partial g}{\partial x}(x, y)$ では $g(x, y)$ を x の関数とみなし，x について微分する．実際に計算すると

$$\frac{\partial g}{\partial x}(x, y) = 2x + y - 7$$

となる．同様にして，$g(x, y)$ を y の関数とみなし，y について微分すると

$$\frac{\partial g}{\partial y}(x, y) = 4y + x$$

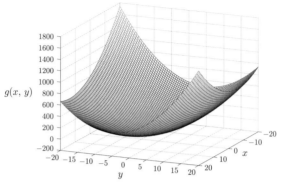

図 A.2 例 A.6 の凸関数 $g(x, y)$.

となる.次に,$\dfrac{\partial g}{\partial x}(x, y) = 0$ と $\dfrac{\partial g}{\partial y}(x, y) = 0$ を満たす x, y を計算する.この場合は

$$2x + y - 7 = 0, \quad 4y + x = 0$$

を解けばよいので,$x = 4, y = -1$ を得る.このとき $g(4, -1) = -14$ である.

関数 $g(x, y)$ を図示すると図 A.2 のようになる.実は $g(x, y)$ は凸関数なので,$g(4, -1) = -14$ は最小値になる. ∎

A.6 ラグランジュの未定乗数法

n 変数関数 $f(x_1, x_2, \ldots, x_n)$ の極大値または極小値を,m 本の条件

$$g_1(x_1, x_2, \ldots, x_n) = 0, \ g_2(x_1, x_2, \ldots, x_n) = 0, \ \ldots, \ g_m(x_1, x_2, \ldots, x_n) = 0 \tag{A.5}$$

のもとで求める方法を紹介する[7].

まず,新たな変数 $\mu_1, \mu_2, \ldots, \mu_m$ を導入して,m 本の条件 (A.5) を $f(x_1, x_2, \ldots, x_n)$ に組み込んだ**ラグランジュ関数** L を

---

7) ただし,関数 $f, g_1, g_2, \ldots, g_m$ は連続微分可能であるとする.

$$L(x_1, x_2, \ldots, x_n, \mu_1, \mu_2, \ldots, \mu_m) = f(x_1, x_2, \ldots, x_n)$$
$$+ \sum_{i=1}^{m} \mu_i g_i(x_1, x_2, \ldots, x_n)$$

のように定義する. 変数 $\mu_1, \mu_2, \ldots, \mu_m$ は**ラグランジュ乗数**とよばれる.

　次に, ラグランジュ関数 $L(x_1, x_2, \ldots, x_n, \mu_1, \mu_2, \ldots, \mu_m)$ の停留点を求める. すなわち, 式(A.4)の h をラグランジュ関数 L に置き換えて, 変数 x_1, $x_2, \ldots, x_n, \mu_1, \mu_2, \ldots, \mu_m$ に関する偏微分を考える. 具体的には

$$\frac{\partial L}{\partial x_1} = 0, \quad \frac{\partial L}{\partial x_2} = 0, \quad \ldots, \quad \frac{\partial L}{\partial x_n} = 0 \qquad (A.6)$$

$$\frac{\partial L}{\partial \mu_1} = 0, \quad \frac{\partial L}{\partial \mu_2} = 0, \quad \ldots, \quad \frac{\partial L}{\partial \mu_m} = 0 \qquad (A.7)$$

を満たす $x_1, x_2, \ldots, x_n, \mu_1, \mu_2, \ldots, \mu_m$ を計算する. このようにして, 条件 (A.5)を満たす極大値または極小値を与える点(の候補)を求めることができる. この手法を**ラグランジュの未定乗数法**という. ラグランジュの未定乗数法の詳細は, たとえば文献 [18, 20] を参照してほしい.

　ベクトル $\boldsymbol{x} = \begin{pmatrix} x_1 \\ x_2 \\ \vdots \\ x_n \end{pmatrix}$ について, 関数 $f(\boldsymbol{x})$ を $\boldsymbol{x}$ で微分した式は $\dfrac{\partial f}{\partial \boldsymbol{x}} = \begin{pmatrix} \dfrac{\partial f}{\partial x_1} \\ \dfrac{\partial f}{\partial x_2} \\ \vdots \\ \dfrac{\partial f}{\partial x_n} \end{pmatrix}$ により定義される. この表記法を用いると, 式(A.6)は $\dfrac{\partial L}{\partial \boldsymbol{x}} = \boldsymbol{0}$ と表せる. 右辺の $\boldsymbol{0}$ はベクトルであることに注意する.

　例A.7　条件 $x^2 + y^2 - 1 = 0$ のもとで, 2変数関数 $f(x, y) = x - y$ の極小値を求めよう. ラグランジュ関数

$$L(x, y, \mu) = x - y + \mu(x^2 + y^2 - 1)$$

を定義する. 式(A.6)と式(A.7)を計算すると,

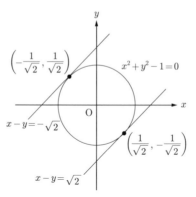

$$\left(-\frac{1}{\sqrt{2}}, \frac{1}{\sqrt{2}}\right)$$

$x^2 + y^2 - 1 = 0$

$x - y = -\sqrt{2}$

$$\left(\frac{1}{\sqrt{2}}, -\frac{1}{\sqrt{2}}\right)$$

$x - y = \sqrt{2}$

図 **A.3**　例 A.7 の最小値と最大値.

$$\frac{\partial L}{\partial x}(x,y,\mu)=0, \quad \frac{\partial L}{\partial y}(x,y,\mu)=0, \quad \frac{\partial L}{\partial \mu}(x,y,\mu)=0$$

はそれぞれ

$$1+2\mu x=0, \quad -1+2\mu y=0, \quad x^2+y^2-1=0$$

となる. 第 1 式で $\mu=0$ とすると $1=0$ となって矛盾するので, $\mu\neq 0$ である. よって, 第 1 式と第 2 式より $x=-\dfrac{1}{2\mu}$, $y=\dfrac{1}{2\mu}$ となる. これを第 3 式に代入すると $\dfrac{1}{4\mu^2}+\dfrac{1}{4\mu^2}-1=0$ となり, $\mu=\pm\dfrac{1}{\sqrt{2}}$ を得る. したがって

$$(x,y)=\left(-\frac{1}{\sqrt{2}}, \frac{1}{\sqrt{2}}\right), \left(\frac{1}{\sqrt{2}}, -\frac{1}{\sqrt{2}}\right)$$

となる. ここで

$$f\left(-\frac{1}{\sqrt{2}}, \frac{1}{\sqrt{2}}\right)=-\sqrt{2}, \quad f\left(\frac{1}{\sqrt{2}}, -\frac{1}{\sqrt{2}}\right)=\sqrt{2}$$

より, $f(x,y)$ は $(x,y)=\left(-\dfrac{1}{\sqrt{2}}, \dfrac{1}{\sqrt{2}}\right)$ において極小値 $-\sqrt{2}$ をとる.

　実は, $-\sqrt{2}$ は最小値になっている. 図 A.3 に $x^2+y^2-1=0$ と $x-y=\sqrt{2}$, $x-y=-\sqrt{2}$ を示す. 図をみると, $f(x,y)=x-y$ は $-\sqrt{2}$ から $\sqrt{2}$ までの値をとりうるので, $-\sqrt{2}$ が最小値であることが確認できる. ▮

演習問題の略解

第 2 章

演習 2.1　$xy = \begin{pmatrix} z_1^2 & z_1 z_2 & \cdots & z_1 z_n \\ z_2 z_1 & z_2^2 & \cdots & z_2 z_n \\ \vdots & \vdots & \ddots & \vdots \\ z_n z_1 & z_n z_2 & \cdots & z_n^2 \end{pmatrix}$, $\quad yx = z_1^2 + z_2^2 + \cdots + z_n^2.$

演習 2.2

(1) $A^2 = \begin{pmatrix} 1 & 0 & 0 & 0 \\ 0 & 1 & 0 & 0 \\ 0 & 0 & 1 & 0 \\ 0 & 0 & 0 & 1 \end{pmatrix}$, $\ B^2 = \begin{pmatrix} 0 & 0 & 1 & 0 \\ 0 & 0 & 0 & 1 \\ 1 & 0 & 0 & 0 \\ 0 & 1 & 0 & 0 \end{pmatrix}$, $\ C^2 = \begin{pmatrix} 1 & 2p & p^2 & 0 \\ 0 & 1 & 2p & p^2 \\ 0 & 0 & 1 & 2p \\ 0 & 0 & 0 & 1 \end{pmatrix}$.

(2) $A^3 = \begin{pmatrix} 0 & 0 & 0 & 1 \\ 0 & 0 & 1 & 0 \\ 0 & 1 & 0 & 0 \\ 1 & 0 & 0 & 0 \end{pmatrix}$, $\ B^3 = \begin{pmatrix} 0 & 0 & 0 & 1 \\ 1 & 0 & 0 & 0 \\ 0 & 1 & 0 & 0 \\ 0 & 0 & 1 & 0 \end{pmatrix}$, $\ C^3 = \begin{pmatrix} 1 & 3p & 3p^2 & p^3 \\ 0 & 1 & 3p & 3p^2 \\ 0 & 0 & 1 & 3p \\ 0 & 0 & 0 & 1 \end{pmatrix}$.

(3) A^n は n が偶数のとき $A^n = I$（単位行列），n が奇数のとき $A^n = A$ となる．B^n は k を 0 以上の整数として，$n = 4k+1$ のとき $B^n = B$，$n = 4k+2$ のとき $B^n = B^2$，$n = 4k+3$ のとき $B^n = B^3$，$n = 4k+4$ のとき $B^n = I$ となる．C^n については，$C^n =$

$$\begin{pmatrix} 1 & np & \dfrac{n(n-1)}{2}p^2 & \dfrac{n(n-1)(n-2)}{6}p^3 \\ 0 & 1 & np & \dfrac{n(n-1)}{2}p^2 \\ 0 & 0 & 1 & np \\ 0 & 0 & 0 & 1 \end{pmatrix}$$ となる．

演習 2.3　(1) $\begin{pmatrix} \cos\theta & \sin\theta \\ -\sin\theta & \cos\theta \end{pmatrix}$　(2) $\begin{pmatrix} \dfrac{1}{p} & 0 & 0 & 0 \\ 0 & \dfrac{1}{q} & 0 & 0 \\ 0 & 0 & \dfrac{1}{r} & 0 \\ 0 & 0 & 0 & \dfrac{1}{s} \end{pmatrix}$　(3) $\begin{pmatrix} 0 & 0 & 0 & 1 \\ 0 & 1 & 0 & 0 \\ 1 & 0 & 0 & 0 \\ 0 & 0 & 1 & 0 \end{pmatrix}$

(1)は回転行列，(2)はスケーリング行列の 4×4 型版である．(3)は置換行列とよばれるものである(演習 2.4 参照)．置換行列の逆行列は置換行列になるので，(3)の行列を W とおくと，W^{-1} の成分は 0 または 1 になる．

演習 2.4 列を入れ替える場合は AP を計算する(P を右から掛ける)．置換行列 P は 5×5 型行列であり，$P = \begin{pmatrix} 1 & 0 & 0 & 0 & 0 \\ 0 & 0 & 0 & 0 & 1 \\ 0 & 0 & 1 & 0 & 0 \\ 0 & 0 & 0 & 1 & 0 \\ 0 & 1 & 0 & 0 & 0 \end{pmatrix}$ となる．

演習 2.5 (1) $\begin{pmatrix} 0 & 0 & 0 & 0 & 0 & 0 & 0 \\ 1 & 0 & 0 & 0 & 0 & 0 & 0 \\ 1 & 0 & 0 & 0 & 0 & 0 & 0 \\ 1 & 0 & 0 & 0 & 0 & 0 & 0 \\ 0 & 1 & 0 & 0 & 0 & 0 & 0 \\ 0 & 1 & 0 & 0 & 0 & 0 & 0 \\ 0 & 0 & 1 & 0 & 0 & 0 & 0 \end{pmatrix}$ (2) $\begin{pmatrix} 0 & 0 & 0 & 0 & 0 & 0 & 0 \\ 0 & 0 & 0 & 0 & 0 & 0 & 0 \\ 0 & 0 & 0 & 0 & 0 & 0 & 0 \\ 0 & 0 & 0 & 0 & 0 & 0 & 0 \\ 1 & 0 & 0 & 0 & 0 & 0 & 0 \\ 1 & 0 & 0 & 0 & 0 & 0 & 0 \\ 1 & 0 & 0 & 0 & 0 & 0 & 0 \end{pmatrix}$

(3) E,F,G は A の孫である． (4) Z^2 の (i, j) 成分が 1 になる場合，Z の (i, k) 成分と (k, j) 成分がともに 1 となる k が存在する．これは，i が k の子供で，k が j の子供であることを意味するので，i は j の孫である．

第 3 章

演習 3.1 答えはたくさんあるが，一例を示す．(1) $A = \begin{pmatrix} 1 & 0 \\ 0 & 1 \end{pmatrix}$, $B = \begin{pmatrix} -1 & 0 \\ 0 & -1 \end{pmatrix}$.
(2)(1)と同じ． (3) $A = O, B = O, C = I$.

演習 3.2 (1) $\det A = -2$, $\det B = -18$. (2) $\det(cA) = c^n \det A$.

演習 3.3 線形独立の定義通りに計算すればよい．(1) $c_1 \begin{pmatrix} 1 \\ 1 \\ 1 \\ 1 \end{pmatrix} + c_2 \begin{pmatrix} 1 \\ 1 \\ 1 \\ 1 \end{pmatrix} = \begin{pmatrix} 0 \\ 0 \\ 0 \\ 0 \end{pmatrix}$ を考える．たとえば $c_1 = 1$, $c_2 = -1$ はこれを満たすので，線形従属である．

(2) $c_1 \begin{pmatrix} 1 \\ 0 \\ 0 \\ 0 \end{pmatrix} + c_2 \begin{pmatrix} 0 \\ 1 \\ 0 \\ 0 \end{pmatrix} + c_3 \begin{pmatrix} 0 \\ 0 \\ 0 \\ 0 \end{pmatrix} = \begin{pmatrix} 0 \\ 0 \\ 0 \\ 0 \end{pmatrix}$ を考える．たとえば $c_1 = 0$, $c_2 = 0$, $c_3 = 1$ はこ

れを満たすので，線形従属である．　　(3) $c_1\begin{pmatrix}1\\0\\0\end{pmatrix}+c_2\begin{pmatrix}0\\1\\0\end{pmatrix}+c_3\begin{pmatrix}0\\0\\1\end{pmatrix}=\begin{pmatrix}0\\0\\0\end{pmatrix}$ を解く

と，$c_1=c_2=c_3=0$ となる．よって線形独立である．

演習 3.4　(1) $A=\begin{pmatrix}4&0\\0&0.5\end{pmatrix}$．　　(2) $B=\begin{pmatrix}\dfrac{\sqrt{2}}{2}&-\dfrac{\sqrt{2}}{2}\\[2mm]\dfrac{\sqrt{2}}{2}&\dfrac{\sqrt{2}}{2}\end{pmatrix}$．

(3) $B(A\boldsymbol{v})=\begin{pmatrix}\dfrac{15\sqrt{2}}{2}\\[2mm]\dfrac{17\sqrt{2}}{2}\end{pmatrix}$．　　(4) $P=BA=\begin{pmatrix}2\sqrt{2}&-\dfrac{\sqrt{2}}{4}\\[2mm]2\sqrt{2}&\dfrac{\sqrt{2}}{4}\end{pmatrix}$．

(5) $A^{-1}=\begin{pmatrix}\dfrac{1}{4}&0\\[2mm]0&2\end{pmatrix}$, $B^{-1}=\begin{pmatrix}\dfrac{\sqrt{2}}{2}&\dfrac{\sqrt{2}}{2}\\[2mm]-\dfrac{\sqrt{2}}{2}&\dfrac{\sqrt{2}}{2}\end{pmatrix}$．

(6) $P^{-1}=(BA)^{-1}=A^{-1}B^{-1}=\begin{pmatrix}\dfrac{\sqrt{2}}{8}&\dfrac{\sqrt{2}}{8}\\[2mm]-\sqrt{2}&\sqrt{2}\end{pmatrix}$．

(7) $P^{-1}\begin{pmatrix}\dfrac{15\sqrt{2}}{2}\\[2mm]\dfrac{17\sqrt{2}}{2}\end{pmatrix}=\begin{pmatrix}4\\2\end{pmatrix}=\boldsymbol{v}$．

演習 3.5　$\boldsymbol{n}=\begin{pmatrix}\dfrac{3}{\sqrt{10}}\\[2mm]\dfrac{1}{\sqrt{10}}\end{pmatrix}$ とすると $R=\begin{pmatrix}-\dfrac{4}{5}&-\dfrac{3}{5}\\[2mm]-\dfrac{3}{5}&\dfrac{4}{5}\end{pmatrix}$ となる．$\boldsymbol{n}=\begin{pmatrix}-\dfrac{3}{\sqrt{10}}\\[2mm]-\dfrac{1}{\sqrt{10}}\end{pmatrix}$ とし

てもよい．

演習 3.6　(1) $\cos\theta=n_x$, $\sin\theta=n_y$．　　(2) $\begin{pmatrix}-1&0\\0&1\end{pmatrix}$　　(3) (2)の行列を X とおき，

θ だけ回転する行列を Z とする．このとき，$-\theta$ だけ回転し（行列 Z^{-1} による変換を

行う），行列 X で変換し，θ だけ回転する（行列 Z による変換を行う）線形変換 R は，

$R=ZXZ^{-1}=\begin{pmatrix}-\cos^2\theta+\sin^2\theta&-2\sin\theta\cos\theta\\-2\sin\theta\cos\theta&\cos^2\theta-\sin^2\theta\end{pmatrix}$ となる．　　(4)(3)で得られた行

列 R に $\cos\theta=n_x$ と $\sin\theta=n_y$ を代入すると，$R=\begin{pmatrix}-n_x^2+n_y^2&-2n_xn_y\\-2n_xn_y&n_x^2-n_y^2\end{pmatrix}$ となる．

$n_x^2+n_y^2=1$ より，$-n_x^2+n_y^2=1-2n_x^2$, $n_x^2-n_y^2=1-2n_y^2$ である．したがって $R=$

$\begin{pmatrix}1-2n_x^2&-2n_xn_y\\-2n_xn_y&1-2n_y^2\end{pmatrix}$ となる．

演習 3.7 (1) $\det R = 1 - 2(n_x^2 + n_y^2) = -1$ である. $\det R$ は点の向きを考慮した面積拡大率を表す. $|\det R| = 1$ なので, 鏡映行列による変換で面積は変化しない. 一方, $\det R$ の符号が負なので点の順序は逆になる. (2) 鏡映を 2 回行うともとに戻るので, $RR = I$ である. よって $R^{-1} = R$ となる. (3) $R^2 = I$ が成り立つことを計算して確認する. (4) R は対称行列なので $R^\top = R$ である. (3) より $R^\top R = R^2 = I$ が成り立つので, $R^\top = R^{-1}$ である. よって R は直交行列である.

演習 3.8 $c_1(\boldsymbol{a}_1 + k\boldsymbol{a}_2) + c_2\boldsymbol{a}_2 + c_3\boldsymbol{a}_3 + \cdots + c_n\boldsymbol{a}_n = \boldsymbol{0}$ ならば $c_1 = c_2 = c_3 = \cdots = c_n = 0$ であることを証明すればよい. $c_1(\boldsymbol{a}_1 + k\boldsymbol{a}_2) + c_2\boldsymbol{a}_2 + c_3\boldsymbol{a}_3 + \cdots + c_n\boldsymbol{a}_n = \boldsymbol{0}$ は $c_1\boldsymbol{a}_1 + (kc_1 + c_2)\boldsymbol{a}_2 + c_3\boldsymbol{a}_3 + \cdots + c_n\boldsymbol{a}_n = \boldsymbol{0}$ と書ける. $\boldsymbol{a}_1, \boldsymbol{a}_2, \boldsymbol{a}_3, \ldots, \boldsymbol{a}_n$ は線形独立なので, $c_1 = kc_1 + c_2 = c_3 = \cdots = c_n = 0$ が成り立つ. よって $c_1 = c_2 = c_3 = \cdots = c_n = 0$ である.

演習 3.9 (1) 直交行列 Q について $QQ^\top = I$ が成り立つ. 3.6 節の行列式の性質 4 より, $\det Q \det Q^\top = \det I$ となる. $\det Q^\top = \det Q$, $\det I = 1$ より $(\det Q)^2 = 1$ を得る. よって $\det Q = \pm 1$ である. (2) P, Q を直交行列とする. このとき $(PQ)(PQ)^\top = I$ を証明すればよい. $PP^\top = I$, $QQ^\top = I$ を利用すると, (左辺) $= (PQ)(PQ)^\top = (PQ)(Q^\top P^\top) = P(QQ^\top)P^\top = PP^\top = I =$ (右辺) となる.

演習 3.10 $\boldsymbol{w} = \begin{pmatrix} w_1 & w_2 & \cdots & w_n \end{pmatrix}^\top$ とおくと, $\boldsymbol{v}\boldsymbol{w}^\top = \boldsymbol{v}\begin{pmatrix} w_1 & w_2 & \cdots & w_n \end{pmatrix} = \begin{pmatrix} w_1\boldsymbol{v} & w_2\boldsymbol{v} & \cdots & w_n\boldsymbol{v} \end{pmatrix}$ となる. よって, 行列 $\boldsymbol{v}\boldsymbol{w}^\top$ の列はすべて, ベクトル $\boldsymbol{v}$ の定数倍である. $\boldsymbol{v} = \boldsymbol{0}$ または $\boldsymbol{w} = \boldsymbol{0}$ ならば $\boldsymbol{v}\boldsymbol{w}^\top = O$ であり, 階数は 0 である. それ以外の場合は, $\boldsymbol{v}\boldsymbol{w}^\top$ の線形独立な列ベクトルの数が 1 なので, 階数は 1 である.

演習 3.11 (1) 行列 $(AB)^\top$ の (i, j) 成分は AB の (j, i) 成分であり, $\sum_{k=1}^{n} a_{jk}b_{ki}$ と書ける. 行列 $B^\top A^\top$ の (i, j) 成分は $\sum_{k=1}^{n} b_{ki}a_{jk}$ と書ける. したがって両者は一致する. (2) $Z = AB$ とおくと, (1) より $(ZC)^\top = C^\top Z^\top$ である. また, (1) より $(AB)^\top = B^\top A^\top$ である. よって $(ABC)^\top = (ZC)^\top = C^\top Z^\top = C^\top (AB)^\top = C^\top B^\top A^\top$ が成り立つ. (3) 行列 AW は $m \times m$ 型行列であり, (i, i) 成分は $\sum_{k=1}^{n} a_{ik}w_{ki}$ と書ける. よって $\text{Tr}(AW) = \sum_{i=1}^{m}\sum_{k=1}^{n} a_{ik}w_{ki}$ である. 一方, 行列 WA は $n \times n$ 型行列であり, $\text{Tr}(WA) = \sum_{i=1}^{n}\sum_{k=1}^{m} w_{ik}a_{ki}$ となる. したがって両者は一致する. (4) (3) の W を $A^\top$ とすると $w_{ik} = a_{ki}$ であり, $\text{Tr}(A^\top A) = \sum_{i=1}^{n}\sum_{k=1}^{m} a_{ki}^2$ となる. フロベニウスノルムの定義から, これは $\|A\|_{\text{F}}^2$ に一致する.

第 4 章

演習 4.1 (1) $\begin{pmatrix} 0.8 & 0.4 \\ 0.2 & 0.6 \end{pmatrix}$ (2) 1, 0.4. (3) $P = \begin{pmatrix} 2 & 1 \\ 1 & -1 \end{pmatrix}$ とおくと $P^{-1}AP =$

$$\begin{pmatrix} 1 & 0 \\ 0 & 0.4 \end{pmatrix}. \qquad (4)\begin{pmatrix} \dfrac{2}{3} & \dfrac{2}{3} \\ \dfrac{1}{3} & \dfrac{1}{3} \end{pmatrix} \qquad (5)\,\text{X 社のユーザは 48 万人，Y 社のユーザは 24 万}$$

人である.

演習 4.2 (1)$z_0=1,\ z_1=1.5,\ z_2=1.4,\ z_3=1.417,\ z_4=1.414,\ z_5=1.414$ より

$\displaystyle\lim_{n\to\infty}z_n=\sqrt{2}$ と推測できる.　　(2)$\begin{pmatrix} 1 & 1 \\ 2 & 1 \end{pmatrix}$　　(3)$1\pm\sqrt{2}$

(4)$P=\begin{pmatrix} 1 & -1 \\ \sqrt{2} & \sqrt{2} \end{pmatrix}$ と お く と，$P^{-1}AP=\begin{pmatrix} 1+\sqrt{2} & 0 \\ 0 & 1-\sqrt{2} \end{pmatrix}.$　　(5)$x_n=$

$\dfrac{\sqrt{2}}{4}\{(1+\sqrt{2})^{n+1}-(1-\sqrt{2})^{n+1}\},\ y_n=\dfrac{1}{2}\{(1+\sqrt{2})^{n+1}+(1-\sqrt{2})^{n+1}\}.$

(6)$\sqrt{2}$

演習 4.3 (1)は対称行列，(2)はエルミート行列であることに注意する.

$(1)\,Q=\begin{pmatrix} \dfrac{1}{\sqrt{2}} & \dfrac{1}{\sqrt{6}} & \dfrac{1}{\sqrt{3}} \\ -\dfrac{1}{\sqrt{2}} & \dfrac{1}{\sqrt{6}} & \dfrac{1}{\sqrt{3}} \\ 0 & -\dfrac{2}{\sqrt{6}} & \dfrac{1}{\sqrt{3}} \end{pmatrix}$ とおく．このとき Q は直交行列であり，

$Q^\top\begin{pmatrix} 1 & 0 & 1 \\ 0 & 1 & 1 \\ 1 & 1 & 0 \end{pmatrix}Q=\begin{pmatrix} 1 & 0 & 0 \\ 0 & -1 & 0 \\ 0 & 0 & 2 \end{pmatrix}$ となる.　　(2)$Q=\dfrac{1}{\sqrt{3}}\begin{pmatrix} 1+\mathrm{i} & 1 \\ -1 & 1-\mathrm{i} \end{pmatrix}$ とおく

と Q はユニタリ行列であり，$Q^*\begin{pmatrix} 2 & 1+\mathrm{i} \\ 1-\mathrm{i} & 3 \end{pmatrix}Q=\begin{pmatrix} 1 & 0 \\ 0 & 4 \end{pmatrix}$ となる.

演習 4.4 (1)λ を A の固有値とし，$\boldsymbol{p}$ を λ に対応する A の固有ベクトルとすると，$A\boldsymbol{p}=\lambda\boldsymbol{p}$ が成り立つ.　両辺に c を掛けると，$cA\boldsymbol{p}=c\lambda\boldsymbol{p}$，つまり $B\boldsymbol{p}=(c\lambda)\boldsymbol{p}$ を得る. (2)複素数を成分とする行列 A,B について $(AB)^*=B^*A^*$ が成り立つことを利用する(転置行列に対して $(AB)^\top=B^\top A^\top$ が成り立つことの証明は演習 3.11(1)を参照).
S を対称行列とし，λ を S の固有値，$\boldsymbol{p}$ を λ に対応する S の固有ベクトルとする.　ここで，λ は複素数，$\boldsymbol{p}$ は複素ベクトルである.　$S\boldsymbol{p}=\lambda\boldsymbol{p}$ より，$\boldsymbol{p}^*S\boldsymbol{p}=\boldsymbol{p}^*\lambda\boldsymbol{p}=\lambda\|\boldsymbol{p}\|^2$ となる.　S は対称行列なので，$S^*=S$ である.　したがって，$(\boldsymbol{p}^*S\boldsymbol{p})^*=\boldsymbol{p}^*S^*\boldsymbol{p}=\boldsymbol{p}^*S\boldsymbol{p}$ より，$\boldsymbol{p}^*S\boldsymbol{p}$ は実数である.　よって $\lambda\|\boldsymbol{p}\|^2$ も実数になるので，λ は実数である.　　(3)(2)と同様に証明できる.

第 5 章

演習 5.1 係数行列を A，定数項ベクトルを $\boldsymbol{b}$ とおく．$a\neq1$ のとき，$\mathrm{rank}\,A=$

$\mathrm{rank}\left(A \mid \boldsymbol{b}\right)=3$ なので解は唯一つ存在する. $a=1, b\neq3$ のとき, $\mathrm{rank}\,A=2$, $\mathrm{rank}\left(A \mid \boldsymbol{b}\right)=3$ なので解は存在しない. 最後に, $a=1, b=3$ のとき, $\mathrm{rank}\,A=\mathrm{rank}\left(A \mid \boldsymbol{b}\right)=2<3$ なので解は無限に存在する.

演習 5.2 (1)正規方程式は $\begin{pmatrix}55 & 15 \\ 15 & 5\end{pmatrix}\begin{pmatrix}a \\ b\end{pmatrix}=\begin{pmatrix}56 \\ 25\end{pmatrix}$ となる. これを解くと $a=-1.9, b=10.7$ であり, 直線は $y=-1.9x+10.7$ となる. (2)略 (3)正規方程式は $\begin{pmatrix}979 & 225 & 55 \\ 225 & 55 & 15 \\ 55 & 15 & 5\end{pmatrix}\begin{pmatrix}a \\ b \\ c\end{pmatrix}=\begin{pmatrix}168 \\ 56 \\ 25\end{pmatrix}$ となる. これを解くと $a=0.5, b=-4.9, c=14.2$ であり, $y=0.5x^2-4.9x+14.2$ となる.

演習 5.3 任意のベクトル $\boldsymbol{v}, \boldsymbol{w}\in\mathrm{Ker}\,A$ について $A\boldsymbol{v}=\boldsymbol{0}, A\boldsymbol{w}=\boldsymbol{0}$ が成り立つ. k を任意のスカラーとすると, $A(\boldsymbol{v}+\boldsymbol{w})=A\boldsymbol{v}+A\boldsymbol{w}=\boldsymbol{0}+\boldsymbol{0}=\boldsymbol{0}, A(k\boldsymbol{v})=k(A\boldsymbol{v})=k\boldsymbol{0}=\boldsymbol{0}$ となるので, $\boldsymbol{v}+\boldsymbol{w}\in\mathrm{Ker}\,A, k\boldsymbol{v}\in\mathrm{Ker}\,A$ が得られる.

第 6 章

演習 6.1 (1) $\begin{pmatrix}350 & -300 \\ -300 & 350\end{pmatrix}$ (2) 50, 650. (3) $\begin{pmatrix}-\dfrac{1}{\sqrt{2}} \\ \dfrac{1}{\sqrt{2}}\end{pmatrix}$ または $\begin{pmatrix}\dfrac{1}{\sqrt{2}} \\ -\dfrac{1}{\sqrt{2}}\end{pmatrix}$.

(4)一般に, 解釈はひとつに定まるものではないが, たとえば(3)の前者の場合は数学に特化した能力を表していると考えられる. このとき第 1 主成分は, A さんから順に $25\sqrt{2}, 5\sqrt{2}, -25\sqrt{2}, -5\sqrt{2}$ となる. (3)の後者の場合は国語に特化した能力とみなすことができ, 第 1 主成分の符号は逆になる. (5)約 93%

演習 6.2 (1) $s_1w_1^2+s_3w_2^2+2s_2w_1w_2+\mu(1-w_1^2-w_2^2)$ (2) $1-w_1^2-w_2^2$

(3) $\begin{pmatrix}2s_1w_1+2s_2w_2-2\mu w_1 \\ 2s_2w_1+2s_3w_2-2\mu w_2\end{pmatrix}$

(4) $\dfrac{\partial L(\boldsymbol{w},\mu)}{\partial\mu}=1-\boldsymbol{w}^\top\boldsymbol{w}, \dfrac{\partial L(\boldsymbol{w},\mu)}{\partial\boldsymbol{w}}=2S\boldsymbol{w}-2\mu\boldsymbol{w}.$

演習 6.3 任意のベクトル $\boldsymbol{x}\neq\boldsymbol{0}$ に対して $\boldsymbol{x}^\top(A^\top A)\boldsymbol{x}=(\boldsymbol{x}^\top A^\top)(A\boldsymbol{x})=(A\boldsymbol{x})^\top(A\boldsymbol{x})=\|A\boldsymbol{x}\|^2\geq0$ が成り立つ.

第 7 章

演習 7.1 $n\times n$ 型の対称行列 A が正定値行列であるとする. A は対称行列なので, 直交行列 Q を用いて対角化できる. A の固有値を $\lambda_1, \lambda_2, \ldots, \lambda_n$ とすると, $Q^\top AQ=$

$$\begin{pmatrix} \lambda_1 & 0 & \cdots & 0 \\ 0 & \lambda_2 & \ddots & \vdots \\ \vdots & \ddots & \ddots & 0 \\ 0 & \cdots & 0 & \lambda_n \end{pmatrix}$$ となる. A は正定値行列なので, 固有値 $\lambda_1, \lambda_2, \ldots, \lambda_n$ はすべ

て正である. したがって, $A = Q \begin{pmatrix} \lambda_1 & 0 & \cdots & 0 \\ 0 & \lambda_2 & \ddots & \vdots \\ \vdots & \ddots & \ddots & 0 \\ 0 & \cdots & 0 & \lambda_n \end{pmatrix} Q^\top$ は A の特異値分解になっ

ている. このとき特異値は $\lambda_1, \lambda_2, \ldots, \lambda_n$ であり, 固有値と一致する.

演習 7.2 (1) $\Sigma^+\Sigma$ は $n \times n$ 型行列であり, $\Sigma^+\Sigma = \begin{pmatrix} I & O \\ O & O \end{pmatrix}$ となる. ただし, ここ
での I は $r \times r$ 型の単位行列である.　(2) $AA^+A = (U\Sigma V^\top)(V\Sigma^+U^\top)(U\Sigma V^\top) = U\Sigma(\Sigma^+\Sigma)V^\top = U\Sigma V^\top = A$.　(3) 行列 A の特異値分解を $A = U\Sigma V^\top$ とする. この
とき, U は 3×3 型の単位行列, V は 4×4 型の単位行列, $\Sigma = A$ である. よって, A^+

$= V\Sigma^+ U^\top = \Sigma^+ = \begin{pmatrix} \dfrac{1}{2} & 0 & 0 \\ 0 & \dfrac{1}{3} & 0 \\ 0 & 0 & 0 \\ 0 & 0 & 0 \end{pmatrix}$ となる.　(4) $A^+ \begin{pmatrix} 8 \\ 15 \\ 0 \end{pmatrix} = \begin{pmatrix} 4 \\ 5 \\ 0 \\ 0 \end{pmatrix}$ である. これが

解であることを確認するためには, 線形方程式系に代入すればよい.

第 8 章

演習 8.1 (1) 行列 A の固有値は 1 と 0.3 である. c, c' を 0 でない任意の実数とする
と, 対応する固有ベクトルはそれぞれ $\begin{pmatrix} c \\ c \end{pmatrix}$, $\begin{pmatrix} -6c' \\ c' \end{pmatrix}$ となる. 行列 B の固有値は 1,
0.5, 0.4 である. c, c', c'' を 0 でない任意の実数とすると, 対応する固有ベクトルはそ
れぞれ $\begin{pmatrix} c \\ c \\ c \end{pmatrix}$, $\begin{pmatrix} -c' \\ 9c' \\ -6c' \end{pmatrix}$, $\begin{pmatrix} c'' \\ -2c'' \\ c'' \end{pmatrix}$ となる.　(2) (1) をみると, 固有値 1 に対応する固

有ベクトルが同じ形をしていることに気づくだろう. すべての成分が 1 である n 次元の
縦ベクトルを $\mathbf{1}$ と書くと, 確率行列の定義から $P\mathbf{1} = \mathbf{1}$ が成り立つ. これは, P が固有
値 1 をもち, 対応する固有ベクトルが $\mathbf{1}$ であることを表している.

演習 8.2 $\|A - \tilde{W}\tilde{H}\|_F = \|A - (WD)(D^{-1}H)\|_F = \|A - WH\|_F$.

演習 8.3 (1) $J(\mathbf{u}) = \dfrac{(k\mathbf{w})^\top S_B(k\mathbf{w})}{(k\mathbf{w})^\top S_W(k\mathbf{w})} = \dfrac{k^2(\mathbf{w}^\top S_B \mathbf{w})}{k^2(\mathbf{w}^\top S_W \mathbf{w})} = \dfrac{\mathbf{w}^\top S_B \mathbf{w}}{\mathbf{w}^\top S_W \mathbf{w}} = J(\mathbf{w})$.

(2)ラグランジュ乗数を λ として,ラグランジュ関数を $L(\boldsymbol{w}, \lambda) = \boldsymbol{w}^\top S_B \boldsymbol{w} + \lambda(1 - \boldsymbol{w}^\top S_W \boldsymbol{w})$ とおく.このとき $\dfrac{\partial L(\boldsymbol{w}, \lambda)}{\partial \boldsymbol{w}} = 2S_B \boldsymbol{w} - 2\lambda S_W \boldsymbol{w}$ と計算できるので,$\dfrac{\partial L(\boldsymbol{w}, \lambda)}{\partial \boldsymbol{w}} = \boldsymbol{0}$ から $S_B \boldsymbol{w} = \lambda S_W \boldsymbol{w}$ が導かれる.

演習 8.4 S を正則な対称行列とする.このとき $(S^{-1})^\top = S^{-1}$ を証明すればよい.逆行列の定義から $SS^{-1} = I$ が成り立つ.両辺の転置をとると $(SS^{-1})^\top = I$ である.S は対称行列なので $S^\top = S$ であることに注意すると,左辺は $(SS^{-1})^\top = (S^{-1})^\top S^\top = (S^{-1})^\top S$ と変形できる.よって $(S^{-1})^\top S = I$ が成り立つ.したがって,$(S^{-1})^\top$ は S の逆行列 S^{-1} に等しい.

参 考 文 献

第 1 章から第 5 章の内容をより深く勉強したい場合

[1] 齋藤正彦『齋藤正彦 線型代数学』東京図書，2014.

[2] 薩摩順吉・四ツ谷晶二『キーポイント 線形代数』岩波書店，1992.

[3] 長岡亮介『長岡亮介 線型代数入門講義——現代数学の《技法》と《心》』東京図書，2010.

　[1] は線形代数の教科書としてよく知られており，内容が充実した本である．[2, 3] では読者が問題を解きながら理解を深めることができる．

第 6 章から第 8 章で紹介した応用に興味がある場合

[4] 新井仁之『線形代数——基礎と応用』日本評論社，2006.

[5] 伊理正夫『線形代数汎論』朝倉書店，2009.

[6] E. クライツィグ著／近藤次郎・堀素夫監訳／堀素夫訳『線形代数とベクトル解析（原書第 8 版）』培風館，2003.

[7] P. N. Klein 著／松田晃一・弓林司・脇本佑紀・中田洋・齋藤大吾訳『行列プログラマー——Python プログラムで学ぶ線形代数』オライリー・ジャパン，2016.

[8] G. ストラング著／山口昌哉監訳／井上昭訳『線形代数とその応用』産業図書，1978.

[9] 室田一雄・杉原正顯『線形代数 I』丸善出版，2015.

[10] 室田一雄・杉原正顯『線形代数 II』丸善出版，2013.

[11] A. N. Langville・C. D. Meyer 著／岩野和生・黒川利明・黒川洋訳『Google PageRank の数理——最強検索エンジンのランキング手法を求めて』共立出版，2009.

[12] Lars Eldén, *Matrix Methods in Data Mining and Pattern Recognition*, Society for Industrial and Applied Mathematics, 2007.

　[4-10, 12] は応用分野を念頭に置いて書かれた線形代数の本である．特に [7, 10] では，応用分野で有用なトピックが本書で紹介したもの以外にも広く解説されている．[12] は洋書であるが，データマイニングとパターン認識において線形代数がど

のように役立っているかが，データを使った実験とともに丁寧に紹介されている．
8.1 節のページランクについてもっと深く知りたい場合は [11] を読んでほしい．

行列の数値計算やプログラミングに興味がある場合

[13] U. M. Cakmak・M. Cuhadaroglu 著／山崎邦子・山崎康宏訳『NumPy による
データ分析入門——配列操作，線形代数，機械学習のための Python プログラミン
グ』オライリー・ジャパン，2019.

[14] 櫻井鉄也『MATLAB ／ Scilab で理解する数値計算』東京大学出版会，2003.

[15] 杉原正顯・室田一雄『線形計算の数理』岩波書店，2009.

[16] 平岡和幸・堀玄『プログラミングのための線形代数』オーム社，2004.

行列に関するさまざまな計算をコンピュータで行う場合には，たとえば [13, 14] が
参考になる．[13] では Python 言語で数値計算を行う方法を解説している．また，
主成分分析，線形回帰，特異値分解を Python 言語で実行する方法も説明してい
る．[14] には，科学技術計算のための言語である MATLAB と Scilab の実行例が
掲載されており，数値計算のアルゴリズムの理論や特徴についてわかりやすくまと
められている．[16] はプログラミングに興味がない方にも読みやすく書かれている
本である．前半では直感的なイメージや図を用いて線形代数の基礎事項をわかりや
すく解説し，後半では数値計算のアルゴリズムを説明している．数値計算のアルゴ
リズムについて詳しく勉強したい場合には [15] がおすすめである．

極値の計算や最適化に興味がある場合

[17] 寒野善博著／駒木文保編『最適化手法入門』講談社サイエンティフィク，2019.

[18] 寒野善博・土谷隆『最適化と変分法』丸善出版，2014.

[19] 久保幹雄・J. P. ペドロソ・村松正和・A. レイス『あたらしい数理最適化
——Python 言語と Gurobi で解く』近代科学社，2012.

[20] 齋藤正彦『齋藤正彦 微分積分学』東京図書，2006.

[21] 関口良行『はじめての最適化』近代科学社，2014.

[22] 高松瑞代「公共交通の時空間ネットワークと最適化」『数理科学 2019 年 11 月号』
サイエンス社，2019.

補論で扱った偏微分や極値については，たとえば [20] に詳しく書かれている．ラグ
ランジュの未定乗数法の詳細は [18, 20] を参照してほしい．最適化の理論を勉強し
たい場合は [18, 21] がおすすめである．最適化の応用や最適化を使うことに興味が
ある場合は [17, 19] を読んでほしい．第 8 章のコラムの詳細は [22] に書かれている．

索　引

高松瑞代

2005 年東京大学工学部計数工学科卒業，2010 年同大学院情報理工学系研究科数理情報学専攻博士課程修了．博士(情報理工学).

日本学術振興会特別研究員(DC2)を経て，2010 年中央大学理工学部情報工学科助教，2013 年同准教授，2022 年より同教授．

日本都市計画学会 2012 年年間優秀論文賞受賞，日本応用数理学会 2018 年度論文賞(実用部門)受賞，日本オペレーションズ・リサーチ学会第 8 回研究賞奨励賞受賞.

応用がみえる線形代数

	2020 年 2 月 21 日	第 1 刷発行
	2024 年 4 月 15 日	第 2 刷発行

著　者　　高松瑞代
　　　　　たかまつみずよ

発行者　　坂本政謙

発行所　　株式会社 岩波書店
　　　　　〒101-8002 東京都千代田区一ツ橋 2-5-5
　　　　　電話案内 03-5210-4000
　　　　　https://www.iwanami.co.jp/

印刷製本・法令印刷

松坂和夫
数学入門シリーズ（全6巻）

松坂和夫著　菊判並製

高校数学を学んでいれば，このシリーズで大学数学の基礎が体系的に自習できる．わかりやすい解説で定評あるロングセラーの新装版．

―――――岩波書店刊―――――
定価は消費税 10% 込です
2024 年 4 月現在